U0222983

博物万象·魅力动物

Merveilleux Oiseaux

Les enchanteurs de nos jardins

花间鸟语

花园里的歌唱家

[法] 吉扬·勒萨弗尔 著
张之简 译

生活·讀書·新知 三联书店 生活書店出版有限公司

云雀的长鸣如瀑布般倾泻而出，有时持续数分钟；

黄道眉鹀和火冠戴菊的鸣声，如同演奏数秒后即戛然而止的短章；

叽喳柳莺唱出的清脆音符，仿佛银币落在钱箱里的声音。

目 录

前言

第一章 鸟儿之间的沟通 / 1

鸟儿的发声 / 2

动物之间的沟通 / 3

鸟儿通过鸣叫进行沟通 / 4

鸟儿鸣唱的曲目千差万别 / 6

鸟儿到底在叫什么？ / 9

不同类型的叙鸣 / 10

鸟儿如何歌唱? / 12

不仅仅是解剖学问题 / 13

事半功倍 / 14

盘点鸟儿的口音 / 15

鸟儿天生会歌唱吗？ / 16

鸟儿为什么歌唱? / 18

保卫领地 / 19

吸引异性 / 20

不为人知的暗自歌唱 / 21

非典型的声音 / 22

雌鸟也歌唱 / 24

夫唱妇随更加精彩 / 26
效鸣 / 27
模仿人语的寒鸦 / 29

鸟儿什么时候歌唱？ / 30
年度周期变化 / 31
晨间音乐会 / 32

学习辨识鸟儿的歌声 / 34
叙鸣和鸣啭的转写方法 / 35
用录音的方法记录花园等处鸟儿的歌声 / 37
学习辨识鸟鸣 / 38
欣赏鸟鸣 / 41
当听力逐渐下降 / 42
鸟鸣的用处 / 44

第二章　美妙的鸟类歌唱家 / 47

花园里的歌唱家 / 48
斑尾林鸽 / 49
灰斑鸠 / 50
灰林鸮 / 51
普通绿啄木鸟 / 52
蚁䴕 / 54
金黄鹂 / 55
松鸦 / 56
大山雀 / 58
白喉林莺 / 59
庭园林莺 / 60

黑头林莺 / 61
绿篱莺 / 62
歌篱莺 / 63
欧柳莺 / 64
叽喳柳莺 / 66
戴菊 / 67
普通鳾 / 68
鹪鹩 / 69
紫翅椋鸟 / 70
欧亚鸲 / 71
新疆歌鸲 / 72
赭红尾鸲 / 73
欧亚红尾鸲 / 74
乌鸫 / 76
欧歌鸫 / 77
槲鸫 / 78
家麻雀 / 79
林岩鹨 / 80
红额金翅雀 / 81
赤胸朱顶雀 / 82
苍头燕雀 / 84
欧洲丝雀 / 85
欧金翅雀 / 86

飘荡在花园上空的歌声 / 88
凤头麦鸡 / 89
大杜鹃 / 90
云雀 / 92
林百灵 / 93

凤头百灵 / 94
林鹨 / 95

几种具有独特歌声的鸟儿 / 96
大麻鳽 / 97
白腰杓鹬 / 98
普通雨燕 / 99

第三章　当鸟类启发音乐家 / 101

丰富的历史经验 / 102
文艺复兴音乐 / 103
巴洛克音乐 / 104
古典时期的音乐 / 106
云雀、布谷鸟和夜莺 / 108

仍然并永远迷人的鸟儿 / 110
云雀、布谷鸟和夜莺仍旧当红 / 111
沃恩·威廉斯 / 112
贝拉·巴托克 / 114
爱德华·埃尔加 / 115
鸟类大使——奥利维耶·梅西安 / 116
鸟儿们接过话筒 / 121

实用手册 / 124

图片来源 / 126

前 言

哺乳动物产生和接受气味的器官非常发达，因此对气味十分敏感，它们首先以嗅觉来定义自己所处的世界。人们遛狗的时候，可以放心地让狗辨别方向。我们人类也是哺乳动物，否则怎么会流连馥郁浓香的美酒佳肴、爱上香气扑鼻的上佳奶酪呢！通过条件反射，我们可以判断存放或冷藏过久的食物是否新鲜如初，也可以透过气味来试探从未见过的新奇菜肴——这是旅行的一大乐事，更不必说气味具有极强的启发性，它能够唤醒我们年深日久的记忆。

英国鸟类学家西蒙·巴恩斯（Simon Barnes）发现，相对于哺乳动物来说，鸟类最突出的特征是视觉和听觉发达，当然有些鸟儿也具有敏锐的嗅觉，包括美洲鹫科中的某些种类和信天翁科海鸟。从视觉上来说，很多哺乳动物的皮毛多为不显眼的棕色和灰色，鸟类的羽毛则颜色鲜明、色彩丰富。听觉是鸟儿赖以辨别周遭世界的最重要的功能，因此，在鸟类的各种行为活动中，鸣叫占据重要地位——这是我们的幸运，正因如此，我们才得以欣赏鸟儿的歌声，自古以来的骚人墨客也对此赞誉不绝。

吉扬·勒萨弗尔（Guilhem Lesaffre）

鹪鹩

第一章
鸟儿之间的沟通

鸟儿的发声

众所周知，在现代社会，人类之间的信息沟通和传递具有前所未有的重要性和普遍性。而在动物界，沟通同样是一个始终存在的基本现象。

自上至下：煤山雀、大山雀

动物之间的沟通

沟通是动物的一种自身本能，它们借此展示自己、吸引异性、控制领地和发出警告。信息传递可能是被动的，比如有些动物以明亮的色彩表示自己具有毒性：南美洲热带雨林的树蛙身上带有所谓的“警戒色”斑纹，告诉捕食者必须远远躲开，否则就会中毒身亡！

鸟类之间也存在被动沟通。飞行鸟类的羽毛，尤其是两翼和尾部的图案有助于确定方位。这是一把双刃剑，遇到危险，这些视觉符号显然可以向鸟群发出预警，让它们逃离险境；然而鲜艳的花纹也会引起凶恶捕食者的注意……雌鸟还会从雄鸟的羽毛和裸露部位（喙和爪）的色彩和形态上获知其生理状态，从而选择自己的配偶——“漂亮的雄性”有更多吸引雌性的机会。

主动沟通则是通过姿态和行为来进行的，尤其是在求偶炫耀期，雄鸟有时会进行夸张的表演。

可以人而不如鸟乎？

——孔子

鸟儿通过鸣叫进行沟通

鸟儿的鸣叫属于主动沟通，它们通过叙鸣（叫声）或鸣啭（歌声）发出信息（参见第18—29页）。雅克·德拉曼（Jacques Delamain）——后面我们马上还会提到他——曾有过如下的精彩描述：“鸟儿永远不会沉默不语；它喜好群居，生性敏感，从不放松警惕，只要振翅飞翔，就会与同类不间断地远远传递消息。”

现在是时候分辨叙鸣和鸣啭了，有时候两者之间的区别并不明显。叙鸣通常比较短促，其功能主要是警告和联络（关于鸟类的指南读物中也称之为“联络鸣叫”），比如在夜间迁徙之时。无论是哪种目的，都不会引起潜在捕食者的注意。

一般来说，鸣啭比较复杂，不能一概而论。云雀的长鸣如瀑布般倾泻而出，有时持续数分钟。黄道眉鹀和火冠戴菊的鸣声则如同演奏数秒后即戛然而止的短章。叽喳柳莺不知疲倦地不断重复由几个简单音符组成的曲子，正是它的英语名称chiffchaff、德语名称zilpzalp以及荷兰语名称tjiftjaf的由来；在法语中，过去它被称作“数钱者”——它唱出的清脆音符仿佛银币落在钱箱里的声音。

乌鸫

夜莺（新疆歌鸲）

> 哪怕脚下的树枝折断了，鸟儿仍然不停欢唱，因为它生着有力的翅膀。
>
> ——何塞·桑托斯·乔卡诺

一般人认为，鸟儿的歌声都应该是婉转优美的，然而，能发出美妙鸣啭的鸟儿的种类其实很少。让我们先来看一组数字：世界上总共约有10000种鸟类，其中约略半数属于鸣禽类（比如乌鸫和夜莺），其余的鸟类之间则存在极大差异（比如鸵鸟、企鹅、鹰隼和鸭子）。理论上来说，鸣禽——英语中恰好称之为songbird（唱歌的鸟）——的发声器官比其他鸟类成员更发达（参见第12—17页）。不过，雄麻雀在巢边啾啾不息的鸣叫并不比灰林鸮的呼号声更悦耳。正如一开始便指出的，事情并不像表面看来那么简单。

切记，鸟类学意义上的“歌唱”并不意味着一定具有音乐性。在我们听来仅仅是简单的鸣叫，其实却可能与鸣啭的表现类似，比如为了求偶，这一点我们将在后面提到。

我们首先考察非鸣禽类的发声。有些鸟儿不会发声，或仅能发出“嚓嚓嚓嚓”的刺耳声；还有些鸟儿能发出些简单的声音，比如鸭子和雏鸡，还有能发出“喔喔喔”声的法兰西象征物高卢公鸡[1]和发出“布谷布谷”声的布谷鸟；其他种类的鸟儿可以发出较复杂和悦耳的声音，如白腰杓鹬悠扬的长啸，或金黄鹂笛声般婉转的鸣声。

现在再来考察鸣禽的发声。其中有些鸟儿，类似上文提及的麻雀或戴菊，它们并不是高明的歌唱家；有些鸟儿唱功不错，但还称不上名家，比如花园里的常客——林岩鹨；还有的鸟儿则堪称歌唱大师，夜莺和蓝喉歌鸲便是佼佼者。在花园里，我们还能有幸欣赏到乌鸫、欧歌鸫、知更鸟（欧亚鸲）和黑顶林莺的美妙献声。

1 法国人喜欢以公鸡作为自己国家的象征。——译者注

鸟儿鸣唱的曲目千差万别

对于鸣禽类，研究者曾试图为每个物种的鸣声进行编目。这项工作是在北美洲开展的，但其编目原则和规模惊人的研究成果也适用于欧洲鸣禽。某些被研究物种的鸣叫声几乎可归为零，这是颇令人感到意外的，例如太平鸟并不会发出一般而言的鸣啭，仅是偶尔跟其他同类一起发出一种“吱吱”声。也有的物种仅有一种鸣声被列入编目，这种情况存在两种可能性：其一，每种鸟儿都有自己独特的鸣啭，形式虽无变化，但音调高低不同；其二，某一类目中的所有雄鸟分享同一种鸣啭（导致鸟类中产生方言——参见第15页）。

另一种情况是鸣啭类型略为丰富（尽管仅仅是数字上的两倍）。一种鸟儿一般拥有2种鸣啭，一种用于白天，一种用于拂晓，偶尔用于夜间。拥有3—7种鸣啭的鸟儿，一般会重复某种鸣啭多次，然后转向另一种，如此往复。鹇属的某种鸟儿拥有10种不同的鸣啭，大概4种在白天使用，用来吸引和诱惑雌鸟，剩余的6种在拂晓或夜间使用，目的是与邻居争夺领地。

着意在此做一注脚，或许可在一定程度上削弱人们认为某些鸟类的鸣啭种类很单调的成见。实际上专家认为，很有可能某些鸣啭在人类听起来毫无区别，但对鸟儿自己来说却并非如此。举例来说，不同鸟儿鸣叫的音色并不一样，可能就属于此类情况。

让我们回过头来考察鸣啭种类的丰富性。据观察，即使一只雄鸟会发出几种鸣啭，它仍然倾向于更多地使用其中一种（我们可以凭借这种特有的鸣啭来辨识一只鸟儿，无论是在花园还是其他地方，只要我们注意鸣叫声中的独特细节）。鹀科的一种鸟儿拥有4—12种鸣啭，其中雄鸟会把一种鸣啭反复吟唱，再换成另一种；它还可能与邻居拥有相同的歌声。红眼莺雀（秋季迁徙之时偶尔会误闯入欧洲）拥有一个包括13—117种不同鸣啭的曲库。每个独唱家都会把多种歌曲循环往复，而且很喜欢自由发挥，要耐心等待一段时间才能再次听到相同的鸣啭。小嘲鸫有53—150种不同的鸣啭，它们会把每种鸣啭多次重

红眼莺雀

小嘲鸫

复之后再换新曲；正如这种鸟儿名字中的修饰词[1]所透露的，这种个头类似乌鸫的鸟儿会模仿很多种鸣啭。嘲鸫科的另一种鸟儿——灰嘲鸫更胜一筹，它虽然貌不惊人，却能发出400种以上的鸣啭！这个“会飞的点唱机”不会重复每一首歌，而是生动地把曲目中的片段串起来唱。歌唱冠军来自同一家族，它就是能发出2000多种鸣啭的褐弯嘴嘲鸫。

在鸟类歌唱大赛中，欧洲的夜莺落败了，虽然一只夜莺的鸣啭可达到1000种以上。还有苍头燕雀，它只有不值一提的2—6种鸣啭，但是已经足够提醒读者，在花园里听到这两种雀鸣，并非代表那里有这两种鸟儿。因此，在断定某种鸟儿造访某地之前，一定要小心谨慎。同一物种中的个体拥有曲目的数量差距——例如红眼莺雀拥有13—117种鸣啭——表明这一种群中既有优秀的歌唱家，也有不甚高明的歌手。聆听不同的乌鸫、欧歌鸫和黑顶林莺的歌唱，您自然会明白这一点：有些鸟儿的歌喉的确更加出众……

1 小嘲鸫，其法语名称“moqueur polyglotte”的字面意思为“通晓多种语言的嘲笑者”。——译者注

鸟儿到底在叫什么?

在沟通的作用上，叙鸣与鸣啭同等重要。叙鸣也存在不同类型，对应不同场景。生物声学家是专门研究动物发声的专家，他们也对一定数量鸟类的叙鸣进行编目——但是仍有繁重的工作需要进一步开展。

到目前为止，人们已经知道鸟类大概有5—14种区别明显的叙鸣，不过这些叙鸣的功能可能有所重复。花园中常见的苍头燕雀在成熟时期（也就是2岁的时候）可发出12种不同的声音（包括鸣啭在内），其中7种只用在筑巢时期。雌鸟会发出一种叙鸣，表明它已经准备好进行交配了；雄鸟在求偶炫耀期间会发出一种叙鸣；雌雄苍头燕雀中领头的鸟儿如果在飞行中受伤，会发出一种特殊的叫声；还有一种叙鸣用于不太急切的危险或切实的危险状况之后。

不同类型的叙鸣

多数鸟类常用如下几种叙鸣：

警戒声：通常尖锐刺耳，频繁而节奏紧凑，在或长或短的间隔中会发出一声尖叫，循环往复。警戒声的适应性强且富有变化，既能提醒地面上发生的危险，让鸟儿飞到树上，也能警告来自空中的危险，让鸟儿躲到灌木丛或树冠里。警戒声的另一特点是短促而响亮，让人难以准确判断发出警告的鸟儿处在什么位置。当某只鸟儿冒险把捕食者的存在报告给同伴时，它绝不能暴露自己！然而，这一原则更适合独栖或群落松散的鸟类。而群聚（喜欢聚集一大群）或群栖（聚在一起进行繁殖以保证安全）的鸟类，它们可能同时发出警戒声，使整个群落提高警惕，也形成一种威慑效果——大群鸟儿的嘈杂声或许会让捕食者知难而退。

通常而言，某种鸟儿的警戒声在不同种群间也具有影响力，即是说，其他种类的鸟儿也会据此做出反应，因此具有普惠性。

联络声：有时也称为社交声，毫无疑问是最常见的一种叙鸣，目的在于增强种群的凝聚力或寻找同类。

迁徙声：从联络声演化而来，是飞行时发出的鸣叫。不仅用于白天，而且在夜间更为重要，特别是用于避免失群或迷路。

挑衅声：发生于冲突前或战斗中，当敌对双方都不愿让步时会发出此声。

小嘴乌鸦

鸟儿如何歌唱？

我们人类用自己的发音器官——主要是位于喉腔的声带——来说话和唱歌，鸟儿并没有这样的器官。在进一步探讨这个问题之前，必须坦率承认，鸟儿歌唱的确切方式，对我们而言仍然保持着某种程度上的神秘性。

灰嘲鸫

不仅仅是解剖学问题

可以确信，鸟类的美妙歌声发自胸腔，虽然多少有些古怪，但这并不难理解。它们的发音器官位于气管和两根支气管的交叉处，每根支气管连接一个肺脏。发音部位有一个叫作鸣管的器官，上面生有很多薄膜（鸣膜），鸟儿呼气时这些鸣膜便振动起来。过去很长一段时间，人们一直认为鸣膜是鸟类鸣声的始发器官，直到20世纪末研究者才对此提出质疑，简要来说，似乎是空气通过引起鸣管左右每根支气管两侧内部的“唇瓣”（或软骨片）发生颤动，从而发出声音。鸣膜和唇瓣由特殊的成对鸣肌控制，理论上来说，鸟儿的鸣肌越发达，音调变化就越复杂，当然不能排除例外情况。除了美洲鹫（有一部主角为穿黄衬衫、戴白帽子的牛仔的漫画，其中就有浑身黑色的美洲鹫）没有鸣管之外，所有鸟儿都拥有复杂程度不等的鸣管。鸣禽的鸣管较为发达，这就是它们能够成为优秀歌唱家的一个原因。

得益于发音器官的特殊构造，鸟类能够完成一项惊人的表演。由于颤动发声的构成组织分布在两根支气管上，鸟儿能够同时使每根支气管各自发出不同的声音，因此它能唱出高难度的复调歌曲。

事半功倍

鸟鸣的产生过程十分复杂，人们并未穷尽其中一切秘密，然而得益于近年来对鸟类大脑的研究，这方面的认识越来越丰富了。大脑是产生鸟鸣的第一站，有多个神经细胞（神经元）中枢负责产生鸟鸣。这些神经中枢互相之间有着怎样复杂的联系，决定着向鸣管（发音器官）的控制肌肉会发出什么信号。鸣肌负责完成最后阶段，控制着鸣禽在呼气时发出不同音色的鸣声。通常来说，想要解释清楚这种运行机制是煞费功夫的，不过鸟类的大脑和鸣管之间的联络只需要一刹那。其实这一整套过程，尤其是肌肉活动的阶段，是极为消耗体力的，因此鸟儿尽量在条件最适宜的时候发出鸣声，期待事半功倍的效果。如果没有敌人能够听到，或是没有同类对它感兴趣，何苦出力不讨好呢！这意味着刮风或下雨的时候最好缄默不语，因为这两种天气情况会影响声音的传播范围。鸟儿还必须占据开阔地点，以免周遭障碍物阻碍鸣声传播。正是出于这个原因，很多鸟儿喜欢停留在视野开阔的高枝上，敞开喉咙唱出技惊四座的嘹亮歌声。你只要见识过欧歌鸫、乌鸫、知更鸟等鸟儿在自家庭院的大树上放声歌唱，就会明白我的话！

自左至右：一对穗鵖、夜莺

盘点鸟儿的口音

奇特的是，鸣禽也有口音！就像法国有马赛口音、阿尔萨斯口音和北方口音一样，鸟儿的口音也跟地域有关。有时也称之为方言，口音和方言仅是名称上的不同。总而言之，法兰西岛地区的黑顶林莺与法国南部的同类所唱的曲子并不同调，巴斯克与洛林地区的乌鸫也存在口音差异。瑞士鸟类学家利昂内尔·牟玛利（Lionel Maumary）也注意到类似情况：“沃州与瓦莱州的苍头燕雀，鸣啭音调不同……甚至每个山谷的鸟儿口音都有差异。”他还指出，“定居和与世隔绝的，尤其是深山里的鸟儿”容易存在明显的口音，在鸣啭的构成结构以及某些曲目的演唱速度上存在细微差异。之所以存在方言差异，要从鸣禽习得鸣啭的条件当中寻找原因。幼鸟在逐渐形成自己曲风的过程中，受到周围鸟儿的影响，这种影响有助于维持地域特殊性；另外，方言的存在也可能限制了鸟儿的跨地域融合，使某地区的雌鸟对该地区流行的鸣啭更为敏感，而不容易受到鸣啭多少有些不同的“外地”雄鸟的诱惑。

金黄鹂

鸟儿天生会歌唱吗?

这个问题其实跟鸟的品种有关。非鸣禽类的鸟儿天生会鸣叫，因为它的所有叫声都烙刻在基因里，灰林鸮和大麻鳽（生活在芦苇荡里的一种鹭鸟）就是其中的代表。只不过初试啼声的鸟儿有些不够熟练而已，但它们很快就可以发出美妙的鸣声。至于鸣禽类的鸟儿，它们的鸣啭需要一个习得的过程。英国动物学家威廉·索普（William Thorpe）在20世纪60年代初开始对苍头燕雀的鸣啭进行研究，发现了鸟儿的习得过程。简要来说，幼年雄雀最初可以掌握一种鸣啭模式，但只能低声鸣叫（参

a. 知更鸟　b. 戴菊　c. 鹪鹩　d. 欧亚红尾鸲　e. 大苇莺　f. 领燕鸻　g、h. 鹡鸰

见第21页），这是一种初期亚音，与同种鸟类的典型鸣啭差别较大。冬天来临时，它便不再鸣啭，直到春暖花开时才重新舒展歌喉，唱出后期亚音。这一时期，这个新入行的歌手开始向周围的鸟儿炫耀歌声——听众当中可能有它的父亲——并开始进行属于自己的创作，这个阶段称为“塑性鸣啭”期。在这一时期，它最初不过是个蹩脚的模仿者，但它通过听别的成年雄雀歌唱并不断练习，最终达到了作为即将生儿育女的雄雀应有的能力，逐步进入“稳定鸣啭”期。像苍头燕雀这样的鸟类，到这个阶段就可以说定型了。

苍头燕雀

如果因为某种原因完全听不到同类的歌声，幼年鸣禽可能从其他种类的鸟儿那里学习，塑造属于自己的歌声。这种现象已经在苏格兰奥克尼群岛的一只幼年燕雀身上被观察到。在这个群岛上燕雀种群十分稀少，由于在正常的时间段内缺乏可以模仿的对象，它只好向当地其他鸟类学习，从家燕到鹪鹩，形成一种大杂烩式的鸣啭。鸟类学家马格努斯·罗布（Magnus Robb）当初记录下了这非同寻常的鸣啭，他满心期待发现一种可能从北美洲被暴风雨裹挟而来的珍稀鸟类，当发现那只是一只燕雀时，他简直气坏了。不可否认，这是一个有趣的例子，揭示了幼年鸣禽习得鸣啭的方式。

鸟儿为什么歌唱？

诗人说，鸟儿为了抒发快乐和忧愁而歌唱。真相究竟是什么？20世纪50年代，法国鸟类学家雅克·德拉曼写过一本在鸟类爱好者圈内大名鼎鼎的书，书名就叫《鸟儿为什么歌唱》(*Pourquoi les oiseaux chantent*)。这本书不是提出问题，而是给出答案。鸟儿之所以唱歌，主要有两个原因。

自上至下：庭园林莺、蓝喉歌鸲

保卫领地

首先是为了宣示领地。在繁殖期，每只雄鸟以及每对配偶都需要一块领地来筑巢和觅食。占据这片领地的鸟儿巡视边界，向邻居和潜在对手宣示自己的主权。有的鸟儿如欧歌鸫一般大大方方地站在明处，有的鸟儿像庭园林莺一样小心翼翼地躲在草木深处，但它们都会引吭高歌。其中信息不言自明："这里是我的地盘！闲杂人等速速离去！如果侵犯了无形的边界，可别怪我不客气！"互相攻击的事情时有发生，例如在春天乌鸫或知更鸟会时不时进行非常激烈的斗殴。

吸引异性

鸟儿的歌声也是为了吸引异性，尤其是雄鸟会借歌声向雌鸟炫技。嘹亮高亢的歌声代表雄鸟身体非常健康，这是为后代提供最好生存条件的一张王牌。有些种类的鸟儿拥有两种不同的鸣啭：一种洪亮而富有攻击性，是为竞争对手准备的；另一种则收敛许多，是为倾心于它的雌鸟而唱。

当雌雄鸟儿结为夫妻以后，歌唱家便开始偷懒了。因此，不厌其烦聒噪不停的鸣叫者通常是运气不好的雄鸟，它们还没有成功打动异性……雄鸟的歌声少了，除了目的已经达到之外，还因为它必须看好自己的妻子。雄鸟牢牢盯着妻子，竭力避免它暗中跟别的雄鸟寻欢作乐。近来的研究表明，丈夫的提防是白费力气，鸣禽中的“偷情”事件司空见惯，相当比例的雏鸟并不是领地雄鸟主人的血脉。原因倒很好理解，是为了优化基因……

不为人知的暗自歌唱

通常来说，鸟儿的鸣啭具有社会属性，或是为了向雄性竞争者示威，或是为了向潜在的配偶示好。然而鸟儿有时候并不希望与周遭的同类沟通，但它仍然会低声诉鸣，不知是为了消耗过剩的精力还是为了吊嗓子，鸟类学家把这种现象称为“低唱”或“自唱”。这种行为看起来颇为有趣。假设您在花园里散步时听到林莺的鸣啭，它的歌声似乎是从遥远的地方飘来；不过当您仔细倾听并急切寻找鸟鸣的来源，您会惊讶地发现鸣声就来自近旁。带着一丝幸运，您很可能会找到这位仅在两三米开外的歌手。它小心地浅吟低唱，显然担心惊动易怒的敌人。幼年鸣禽在鸣啭的习得期也时常低声自唱。（参见第 16—17 页）

非典型的声音

关于鸣啭功能的描述也适用于不会鸣啭的鸟儿，比如啄木鸟。它们“笃笃笃”地啄树干或树枝，是为了向周遭发出声音，从中释放的信息与鸣禽相同。

还存在其他更加惊人的罕见情况，例如扇尾沙锥，雄鸟的外尾羽十分灵活，当它们求偶飞行时，随着一阵疾冲，外尾羽会叉开，在空气中振动，发出一种奇特的颤声。扇尾沙锥不断地爬升和俯冲，会发出标志性的响声。

蜂鸟科的各品种都会通过扇动翅膀发出“嗡嗡”声，根据品种和飞行条件的不同，它们扇动鸟翼的频率在每秒80—200次！宽尾煌蜂鸟的振翅声有明显的特征和明确的作用。在1983年的一篇学术文章中，美国研究者萨拉·米勒（Sarah Miller）和大卫·井上（David Inouye）探讨了这个问题。宽尾煌蜂鸟双翅上的前两根飞羽呈弧形（第一根飞羽的弧度尤其明显），在求偶飞行时，鸟翼高速拍动，可产生清脆的振翅声，类似昆虫鸣声。蜂鸟通过振翅声宣示自己的领地主权，也会在占领其他蜂鸟领地时用来挑衅。雄蜂鸟能听到50米以外的动静，雌蜂鸟的听力范围能达到75米。总之，振翅声与鸣禽的鸣啭发挥的作用类似。通过实验手段发现，消除振翅声的宽尾煌蜂鸟无法有效地保护自己的领地，因为它既无法向闯入者发出警告，也因得不到闯入者的回应而无法打起精神坚决维护自己的地盘。研究者总结道：宽尾煌蜂鸟独特的振翅声对于划分领地至关重要，也因此间接保证了繁殖的成功率……

雌鸟也歌唱

为方便起见，在谈到鸟类，或更确切而言——鸣禽的鸣啭时，一般指的是雄鸟。之所以不必加以说明，是因为用鸣啭的方式来占据领地和吸引雌鸟的显然是雄鸟。然而，雌鸟的鸣啭又千真万确地存在，只是雌鸟的鸣啭通常变化不多，不易听到。

过去，鸟类学家就已知道雌鸟鸣啭的现象，不过近来的研究进一步丰富了对此现象的认识。一个法国-比利时研究团队研究了233种欧洲鸣禽，确定了其中101种雌鸟具有鸣啭能力，8种雌鸟不具备鸣啭能力——包括欧歌鸫、火冠戴菊、黍鹀和草原石䳭，其他124种鸟因为信息不足无法断定。

在全球范围内进行的另一项研究继续深入探讨这个问题，把众多物种纳入考量，结果表明，在研究所涉及的所有鸣禽种类中，多达3/4的雌性鸣禽拥有一种鸣啭。研究甚至猜测，今天的鸣禽的共同祖先，无论雄鸟还是雌鸟都会鸣啭，借此，它们得以保障独自生存和繁殖的必要资源。

这一新观念的影响之大，动摇了人们此前形成的认识，可能让人们一时之间无法接受。因为，在此之前研究者一致认为，雄性鸣禽在进化过程中鸣啭功能之所以逐渐发达，是雌鸟倾向于选择歌喉嘹亮者的结果。实际情况可能并非如此，不过鸟类鸣啭的真正进化原因，人们尚无头绪。将来的研究尤其要弄清楚为什么某些种类的雌性鸣禽丧失了鸣啭能力，而其他种类的雌鸟仍然保持这种能力。想要解决这个问题，必须研究雌雄鸣禽的大脑，因为大脑与鸣啭的产生有着密切联系。

火冠戴菊

夫唱妇随更加精彩

我曾在非洲和巴西听过所谓的二重唱，至今仍有余音绕梁之感。在同台“演出”中，雌雄二鸟或同时发声，或交替放歌。雄性非洲黑鵙（这种鸟儿非常漂亮，身上的羽毛为黑色和红色，头顶羽毛呈金色）首先发出类似双音节“喂呦”的嘹亮歌声，立即得到雌鸟的两声尖叫作为回应。黑头黑鵙的合唱方法相同，只是雌鸟对雄鸟歌声的呼应如此迅速，两者的声音几乎完全重叠。如果事先不知道——即使事先知道也是一样——人们绝不可能意识到是两只鸟儿同时在发出鸣叫，因为它们的歌声衔接得如此完美，感受不到任何停顿，至少人类的耳朵是听不出来的。更加惊人的是，在一次“演出”中，会出现多次鸣啭的衔接配合，仿佛雄鸟故意向伴侣提出挑战，让它每次都毫无差错地迅速做出反应。曾经有人测算过，其衔接时间仅在1/100秒左右！

拟鵎曲嘴鵎鵼的雌雄二鸟同时鸣啭，会发出低沉有力的“丢丢丢”声，有时略显不够同步，让人听出是两只鸟儿的声音重叠。但它们的二重唱音调优美悦耳，幸运的是，这种大型鵎鵼并不吝惜自己的歌声。

松鸦

效　鸣

一般人都以为，喜欢模仿的鸟儿只有鹦鹉和八哥，但其实很多鸟儿都有出色的模仿能力。有些种类的鸟儿因为其优秀的模仿能力甚至一度被称为“伪装者”。绿篱莺（参见第62页）就曾经有个“长翅伪装者”的诨名，这种小型候鸟貌不惊人，一身暗绿色的羽毛，却能够完美模仿其他鸣禽的鸣唱和叫声。湿地苇莺生活在潮湿的草原地区，一身浅褐色的羽毛看起来更加不起眼，但它堪称效鸣领域的大师，能够唱出几十种鸣禽的鸣啭片段！鸦科——包括乌鸦及其近亲喜鹊、松鸦等——也很擅长效鸣。我不止一次以为是猫爬到树上，几秒钟之后才发觉树上有只松鸦！松鸦的效鸣足可以假乱真，它的传统戏谑曲目包括鵟的“喵喵”叫声在内。紫翅椋鸟也是个伪装高手，它会模仿麻雀的“吱吱喳喳”、知更鸟的惊叫，还有门铃声、哨声等人造声音。

关于效鸣的原因存在多种猜测，真实原因尚待研究。这些猜测在某种程度上可以归结为这样几种：雄鸟向雌鸟炫耀自己掌握着庞大数量的鸣啭，以证明自己的生存能力（理论上来说，鸟儿越长寿，掌握的曲库越庞大）；通过模仿捕食者的鸣叫或其他鸟类的警戒声，可以更好地保护巢穴；通过效鸣，营造出领地已经“拥挤不堪”的假象，有助于保护自己的栖息地，让竞争者知难而退；处于鸣啭习得期的幼鸟通过仿效同类的嗓音，表现自己在种群中的归属感。也有人认为效鸣可能由周遭状况造成，是环境压力的产物，例如生活在城市环境中的鸟儿更倾向于模仿人造声音，这似乎无法从上述几种假说中得到解释——它们只是听到某种声音，然后模仿出来，仅此而已。

模仿人语的寒鸦

我用一次个人经历来结束这个话题。有一次，刚到法兰西岛地区的某个小村庄，我就看到一只寒鸦—— 一种目光凶狠的小型鸦科鸟类。它看起来不怕人，于是我试图靠近它。我来到它旁边，突然听到它清清楚楚地说出一句“走开”，而且带着威胁的语气！后来我听说，这只寒鸦幼年时被人收养，后来被放飞，但它没有离开村庄。村民们可能害怕它偷吃什么东西，常常对它吼一句“走开”，久而久之，这只小寒鸦就学会了这句话。研究者认为，幼鸟模仿人话是出于融入社会的需要。在自然环境中，幼鸟会模仿同类的鸣叫，但是身处人类社会，它们只好入乡随俗……

鸟儿什么时候歌唱？

这个问题有多个回答的角度，要看是从每年的进度还是每天的日程上来回答。

知更鸟

年度周期变化

首先来考察每年的周期。法国作为温带国家，其所处的纬度有着分明的四季变化。鸟儿歌唱的决定性因素是光周期，也就是一天24小时中黑夜和白昼各占多长时间。当白昼开始变长，尤其是冬末和春季，鸟儿的机体受到刺激，开始产生激素。有趣的是，白昼变长不仅可被鸟儿的眼睛观察到，更能被鸟儿大脑上部一个极小的腺体感知到，这个腺体位于颅骨正下方。实验表明，被蒙住双眼的鸟儿仍然能从生理上对光周期变化做出反应，关键就在于松果体——上文所说的腺体。

随着此前一直处于滞育状态的性器官开始发育，雄鸟开始鸣唱，原因正如前面章节所述。春季4、5月是鸣啭的极盛期，当然地区和纬度不同，这个时间段也不尽相同。有的地方从2月起就能听到鸟儿的鸣啭了（某些种类的鸟儿甚至从1月就开始了），一直持续到6月。盛夏时节，鸟儿相对沉寂，等到秋天，留鸟和某些正在迁徙的候鸟重新鼎沸起来。冬天也是比较寂静的时期，但在阳光明媚的日子里能听到大山雀或鹪鹩的歌声。

晨间音乐会

现在可以探讨每天的日程了，我们只考察典型的春光明媚的一天。在太阳升起前，就能听到最早的鸟鸣了，知更鸟等某些种类的鸟儿在天色尚暗的时候就开始了鸣唱。破晓时可以称为“拂晓大合唱”（英国人发明了这个说法，称之为“dawn chorus”），百鸟齐鸣的壮观景象有时让人深感震惊。接下来的一场混乱的合唱可能让对鸟鸣不甚熟悉的人感到无所适从，很难分辨究竟哪些歌手加入了这场盛大的晨间音乐会。随着晨曦出现，啼鸟的数量和啼鸣的强度都趋于下降。

乌鸫

从上午开始乃至整个白天，仍然能听到鸟儿的鸣唱，除非是天气太热。黄昏的时候，鸟儿们又聒噪起来，一直持续到晚上，有些鸣禽直到天色完全变黑仍然对舞台恋恋不舍。

有的鸟儿喜欢夜歌，例如法国南部庭院里常见的夜莺，还有乌鸫和知更鸟。

学习辨识鸟儿的歌声

虽然静静欣赏鸟儿的叫声和鸣唱是一件美事，不过如果能叫出这些小小歌唱家的名字，就更加美妙了。只是，该从何处着手呢？

苍头燕雀

叙鸣和鸣啭的转写方法

转写鸟类的发声有两方面的用途：其一，把鸟声与鉴别手册相对照来弄清其来源；其二，把听到的鸟声用文字誊写下来。个人的转写是非常有意义的，它与您真正听到的声音完全相符；然而，对鸟鸣的“翻译”可能会让除您之外的其他人大惑不解。如果您想拿着自己的转写记录向专家咨询意见，结果可能令人失望……

这就涉及鸟类学手册中鸟声转写的价值和意义问题。我赞同一种观点，这些转写只对已经认识鸟鸣的人有意义！当然这样的看法肯定有点儿夸张，在某些情况下，鸟声的转写对于一般人多少有些帮助。举例来说，现在很多常用的手册中把欧柳莺的鸣啭转写为：

“飞飞飞，西西西西西西，图图多依嘚依嘚依哒……”

或“飞飞飞，西西西西西，图图多依嘚依哒……”

或“飞飞飞，西西西西，图图多依嘚哒”

或“飞飞飞，西西西西，图图多依嘚依哒……”

不得不承认，通过这些转写记录来想象鸟的鸣唱是非常困难乃至不可能的！不过我要再次郑重重申，类似这样的一条转写记录确实可以方便读者朋友辨识这种在初生的桦树枝叶间穿梭的绿褐色小鸟。面对鉴别手册中各种柳莺的示意图，您显然会对欧柳莺及其近亲叽喳柳莺（参见第64—66页）无从分辨。您的犹豫不定是有道理的，因为这两种鸟是极难分辨的“孪生品种”，幸好它们的歌声存在不同，叽喳柳莺的鸣啭可以转写为：“切其其切却……”很显然，两者的鸣唱不可能混淆，因此您可以确定自己看到的是欧柳莺还是叽喳柳莺。

实际上，转写或转录必须同时记录下鸣啭的音量、音长、音高和音色等信息才有价值。我们可以用“忧郁的”“爆发的”“刺耳的”“颤动的”等形容词来描述鸟儿的鸣啭。比如：对叽喳柳莺的记录是“鸣啭以两三个音符不规则地重复，节奏跳跃”；而对欧柳莺的记录是“笛声般的音符倾泻而出，初而舒缓，继而强烈，音高渐渐走低，以典型的装饰音作为结束”。

自左至右：欧亚红尾鸲、草原石鵰

用录音的方法记录花园等处鸟儿的歌声

随着技术的进步，过去仅限于专业人士使用的设备如今已走向普通大众。大多数高档智能手机就可以录音，用来记录鸟类的声音效果相当不错。不过要注意，不能使用根据人声智能开启的麦克风（因为它通常不会对鸟鸣做出反应），只能用普通麦克风。我自己还在用一部旧的智能手机，只用它录音和拍照（有的手机配有非常灵敏的传感器）。我用这部手机在巴黎的公园和布列塔尼的自家花园里都录过音，甚至在巴西为金刚鹦鹉和巨嘴鸟留下了非常精确的声音记录。

显然，如果您有更高的要求，希望为花园里的鸟声留下永久记录，那么您应该采购专用的声音记录仪，把附带的麦克风安装在一个形似卫星天线的透明塑料器具中央。整套设备不算昂贵，但效果绝佳——这样的设备或许会促使您走出自家庭院，探索鸟语花香的新天地。

众鸟。莫卧儿帝国画师创作的水粉细密画（1590—1600）

学习辨识鸟鸣

耐心是第一原则。您无法在一两天甚至一两年之内记住所有鸟儿的叫声，当再次听到某种鸟的鸣唱时常常会感到茫然，必须花点工夫去记忆，才能在听到鸟鸣的时候想起是哪种鸟儿！因此要多听鸟鸣，获得丰富经验。即使无法立即辨识鸣唱的鸟儿也没什么，重要的是，把它的叫声灌进自己的耳朵。

如何入门，取决于您的鸟类学知识水平。如果您已经认识几种鸟儿，那么记忆它们的鸣唱会容易许多；如果您完全是新手，那么入门会有点儿困难。举例来说：前一种情况，您只需要记住鹪鹩的鸣啭非常洪亮，由数个连贯的旋律构成；后一种情况，您不得不记住，这种“尾端竖直的胖乎乎棕红色小鸟”有着“非常洪亮的由数个连贯旋律构成的鸣啭”。

不管您在这方面的水平如何，当听到不认识的鸟鸣而且没看到鸣鸟的时候，您可以尝试小心观察鸟儿，不要因靠得太近而惊跑它，否则就事与愿违了！如果经过一番努力后还是不知道鸟儿的名字，您需要尽量记下鸣叫的详细特征，如有需要可以查阅转写记录（参见第35页）。随后，尽快听一听CD（或其他数字介质）存储的鸟类鸣唱，一般会按照花园、森林、沼泽、城市地区等分门别类。如果运气不错（也需要足够耐心），您就能找到需要辨识的鸟儿品种。当然，如果用录音设备记录下鸟儿的鸣唱（参见第37页），您也可以直接对比两段录音。

采用录音的方法辨识鸟鸣，流程是反过来的，首先要听一下某地形环境中的鸟鸣声（同时做好记录），然后再探索这个地区。青少年时期，我运用这种方法，靠的是45转的黑胶唱片。记得在20世纪70年代，我曾经多次到枫丹白露森林里观察啄木鸟，会提前听唱片做好准备，认真研究不同种类啄木鸟的啄击声和叫声，包括麻雀大小的小斑啄木鸟和体型类似乌鸦的大块头的黑啄木鸟。这种方法很管用哦！

如果只限于花园里的鸟儿，现在有很多CD形式的录音资料（最好尽快购买这些CD，因为谁也不知道这种介质今后是否能长期存在），专门针对花园里的品种。总之，可以事先听录音熟悉不同的鸣啭；也可以事后查阅，辨识此前听到的一种或数种鸟鸣。

还有一种最佳方法，那就是向经验丰富又教导有方的专家请教。您听到一段鸣啭，专家加以辨别和评论，有时还会给出一些实用的记忆法，帮助您记住整段鸣啭。再后来，您听到一段鸣啭，自己辨识出来，您的“老师”会判断答案是否正确。在这样的循循善诱之下，进步可能会一日千里！

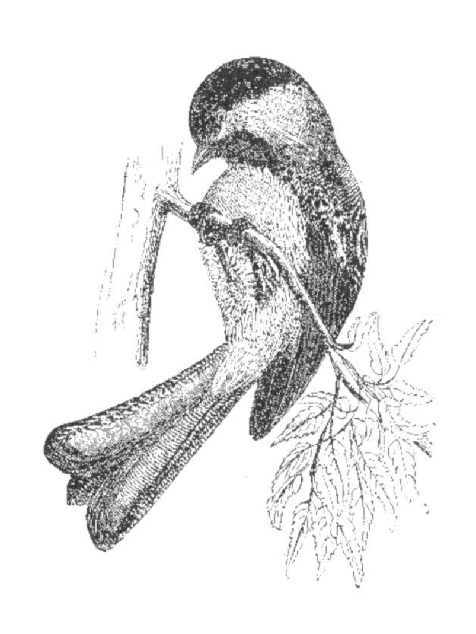

之后，还要通过复习巩固自己的知识，包括实地观察和听录音。

最后还有一个小建议，可能听起来有点儿意外。最好在冬末的时候开始学习辨识鸟鸣。这个时候鸣唱的鸟儿当然不多，但也因此比较容易分辨和记住它们。随着春暖花开，所有留鸟都开始从各个角落里发出嘹亮的歌声，从过冬地返回的候鸟也逐渐加入。5月的晨间音乐会，会让有志于学习分辨鸟鸣的人备受打击！幸好，整个上午过去之后，鸟鸣声渐渐稀疏，人们终于能比较容易地辨识鸟儿的鸣唱了。耐心和经验的积累是进步的保证！

印度细密画，《五卷书》手抄本，寓言故事《卡里莱和笛木乃》的波斯文版本（1601—1611）

欣赏鸟鸣

高质量的声音记录有助于您学习辨识鸟鸣，辨别庭院里或散步途中遇到的鸟类品种。当然，听录音也可以纯粹为了欣赏。

如果需要这方面的更多资讯，可以利用互联网，在很多网站上都可以收听到世界各地的鸟鸣声。鸟类学家们最熟悉和最常用的网站，毫无疑问是“xeno-canto”（www.xeno-canto.org）。这个网站成立的时间不长，但已经拥有庞大的资源库。业余和专业的录音者都能把自己记录的声音发布到网站上，网站的资源也免费对任何人开放。这个网站的一大优势在于，能够从中听到同一种鸟儿的大量鸣啭，让人见识到鸟儿曲库的巨大个体差异。

这个网站的搜索引擎简便易用。只需要在搜索框里输入鸟儿的名称，就能找到它们的鸣声。唯一的不便在于目前只能以某物种的英文名或学名来进行搜索。例如，如果想听黑顶林莺的鸣啭，必须输入“Eurasian blackcap”或“*Sylvia atricapilla*”。幸好在互联网上很容易搜索到各个物种的英文名和学名——也就是俗称的“拉丁文名”。如果在网络搜索引擎里输入物种的法文名称，也能立刻找到相对应的多语言名称，通常会出现在搜索结果首页的右上角。

当听力逐渐下降

很多年前，我曾经跟一个同行的鸟类学家好友在巴黎地区的某个树林里散步。在散步时，我听到戴菊（参见第67页）的歌声。我停下脚步，向朋友做了个手势，请他也注意听。这个上了年纪的朋友——他是美国人，年轻时参加过诺曼底登陆作战——听不到戴菊的歌声。我突然明白，随着年岁渐增，人的听力也大不如前，特别是听不到高音，也就是高频率的声音。这件事情后，再遇到戴菊我便不再提醒这位同人，免得惹他失望……

我还算幸运，虽然已经60出头，但仍然能够听到戴菊的鸣唱，不过好日子还有几天呢？不久前就有一次，我跟孩子们一起散步，他们问我，躲在灌木丛里鸣叫的是什么昆虫。“什么虫鸣？”我不解地问，因为我听不到一丁点儿虫声……此时此刻我更能理解当年那位美国朋友失落的心情了。

在这个话题的最后，我忽然想起，有时候人们会利用振动鼓膜的高频声音来防止年轻人聚集，在建筑物的大厅里效果尤其明显。而上年纪的居民却丝毫不受惊扰，因为他们完全听不到！

乌鸦和狐狸

乌鸦老板在（一）棵树上落脚，
嘴里叼了块干酪，
狐狸师傅被香味引过来，
大概用这类话来和他说：
“哎，你好，乌鸦先生，
你好漂亮，我觉得你真美得出奇！
我不骗你，要是你的歌喉
也像你的羽毛那样令人着迷，
你一准是林中群鸟之王无疑。”
听了这话，乌鸦得意忘形，
为了显示他美妙的歌声，
他张开大嘴，丢落了他的食品。
狐狸抓住干酪就说：“我的好先生，
你要记住，所有阿谀奉承的人
全靠爱听吹捧的人为生，
因此总还值得用块干酪去换此教训。”
乌鸦窘得很，羞容满面，
他赌咒发誓，说今后不再受骗，
可惜就是晚了一点。

让·德·拉封丹（1621—1695），《寓言诗》[1]

1 译文引自拉封丹：《拉封丹寓言诗选》，远方译，人民文学出版社，1985年，第2页。——译者注

鸟鸣的用处

经验丰富的鸟类学家都很清楚，依靠听觉去辨别的鸟儿往往与依靠视觉去辨别的鸟儿数量相当，有时听觉更胜一筹，尤其在所谓的“遮蔽”区域，即植物遮挡视线的地方。例如，在森林里漫步时，看到的鸟儿就不如听到的鸟儿多，特别是在风和日丽的季节。啼鸟就在树上，但是“繁枝茂叶”把它们都遮住了！到了冬天，树叶稀疏了，但是鸟儿也少见了……还是看不到它们。

观察者不必看到鸟儿就能辨认出它们，STOC计划（“常见鸟种定时监测计划”）正是在这一点上大做文章。这个计划由法国国家自然历史博物馆所属的鸟类种群环志研究中心（CRBPO）发起，是现在所谓“参与式科研”的一个范例。任何对鸟儿具有辨识能力的人都可以参与STOC计划中的一个分支项目STOC-EPS（“简易定时样本采集项目”），为这项庞大的计划尽一分力。该分支项目以法国全国范围内随机分布的监听点为支撑。

蓝喉歌鸲

每名志愿者负责10个计数点。在每个计数点要进行两次精准的持续5分钟的记录——因此该项目叫作“定时样本采集项目”。两次记录至少间隔4个星期，必须在5月8日前后分别进行。记录中看到和听到的鸟儿都在统计范围内。因此，志愿者最好熟悉各种鸟儿的叫声，尤其是它们的鸣啭，然后才能建立可靠的记录。

STOC计划已经运转多年，可以让研究者确定所涉及物种的数量变化。简单来说，研究者如今已经掌握了数据材料，可以证明某种巢居鸟类的数量是保持稳定、增长还是下降。这是鸟类保护领域的一个风向标，足以用来证明很多“常见”鸟种如今已经不再常见……

第二章

美妙的鸟类歌唱家

花园里的歌唱家

能否想象一个花园里没有鸟儿和它们的歌声？诗人们绝不允许这样的事情发生，几个世纪以来，他们赞颂这些歌唱家们每逢春回大地就用美妙的旋律来锦上添花。虽然偶尔有人絮絮叨叨，抱怨鸟儿们一大早就开始吊嗓子，惊扰了他们的晨梦，但是总的来看，人们心中还是充满了赞赏和欣喜之情。

斑尾林鸽

鸽形目 · 鸠鸽科 · 斑尾林鸽（*Columba palumbus*）

这种体型巨大的有着白色颈圈的鸽子是运动健将，飞行速度很快，只要感到人们对它有一点儿善意，它就非常亲近人。

斑尾林鸽能够同时适应公园和花园、城市和农村的生活。它具有很强的运动能力，因此在必要的时候，能很快从一个地方飞到另一个地方。比如，它可以在花园里筑巢，到附近的田野里觅食；它也可以定居在城市，同时从城市之外获取一部分食物。斑尾林鸽既需要在树木间进食、休憩、睡眠和筑巢，也需要在视野开阔的草地里觅食。水源也必不可少，想要好好观察它，也可以前往鸟儿喝水之处，包括水塘、小水洼、溪流和泉水处。

乡下的庭院花园若是面积不大，并不容易观察到这种鸟儿；城里的情况就大不相同了，它可以让人靠得很近，甚至根本不会逃离。

物种数据

身长：40—42厘米
翼展：73—76厘米
体重：350—600克
寿命：16岁

灰斑鸠

鸽形目 · 鸠鸽科 · 灰斑鸠（*Streptopelia decaocto*）

很少有鸟类像灰斑鸠这样主动与人类和谐相处。它很像家养斑鸠，但两者其实完全不是同一物种。

1930年以前，灰斑鸠的活动范围仍然局限于黑海和亚得里亚海之间；1950年，法国首次记录到灰斑鸠，它出现在法国东部的孚日省；20世纪60年代初法国西部发现灰斑鸠，后来在南部地区也发现了它的踪迹。

灰斑鸠在野外繁衍的区域不广，它是沿着城市聚居区及其周围的公园和花园扩散的。

目前还不清楚它为什么采取这种拓殖途径，人们对它的喜爱只是其中一个有利因素。灰斑鸠分布范围广而且数量众多，它不是一种容易受惊的鸟儿，很喜欢啄食撒在它面前的谷粒；它的生活习性也很有意思。同一种群里的不同个体之间的关系非常复杂，雄性成员之间经常发生对立冲突，雄鸟和雌鸟之间也经常发生诱惑行为。这种鸟儿不知疲倦地在飞翔中追逐，一边炫耀一边发出颤鸣声，雄鸟在空中的急速蹿升尤其精彩。

物种数据

身长：31—33厘米
翼展：47—55厘米
体重：125—240克
寿命：接近14岁

灰林鸮

鸮形目 · 鸱鸮科 · 灰林鸮（*Strix nivicolum*）

仓鸮的突然尖啸让人惊慌，相比之下灰林鸮的鸣叫却优美悦耳，夜的沉寂显得它的叫声更加洪亮。10月的凉夜，灰林鸮为了宣示自己的领地而此起彼伏地号叫着，真是一场愉快的音乐会；凑近细听，甚至能够听出它的鸣叫声中带有细微的震颤，而远处的竞争者仅能听到大概的旋律。这种鸣叫声在总体上营造了一种令人浮想联翩的氛围，影视行业的配乐者深谙其道，时常在电影和广告的配乐中使用灰林鸮的鸣叫声。

除非是为了捕食，不然灰林鸮很少涉足花园，但是偶尔会在面积较大、有大树的花园里营巢孵卵。在白天的时候，灰林鸮昼伏的巢穴偶尔会遭受小型鸟类的惊扰，喜鹊、松鸦等会围在四周大声聒噪，直到灰林鸮逃之夭夭。当它舒展长翼，人们便会明白，这些夜间出动的猛禽飞起来是完全静寂无声的。

物种数据

身长：37—46厘米
翼展：90—100厘米
体重：330—695克
寿命：22岁

水彩画，雅各布 · 利戈齐（约1550—1627）

普通绿啄木鸟

䴕形目 · 啄木鸟科 · 普通绿啄木鸟（*Picus viridis*）

一阵高亢的笑声响彻花园上空，紧接着是间隔越来越长的几声嘹亮鸣叫，这是普通绿啄木鸟在抒发情绪。一般来说，普通绿啄木鸟还是很凶猛的，不过在公园和花园里，只要不受到过分打扰，它还算得上好相处。

有时可以看到它站在地上，有时则看到它站在树上。如果是在地上，那它可能正在聚精会神地寻找蚂蚁，对周围情况不太注意，比较容易观察；如果地面上没有遮挡，草不太高，那就更是好时机。它时不时停止觅食，抬头环顾四周，嘴巴朝天。这时可以清楚地看到它的羽色，特别是漂亮的朱砂色头顶。若遭到打扰或觅食结束，它便从地面飞到最近的树上。它很擅长躲在树干或粗树枝后面，只露出一只眼睛警惕地打量着。要是观察者企图凑近看，它就绕着树干或树枝躲藏；如果好事者不肯善罢甘休，它便逃之夭夭，只留下那出名的“笑声”。

物种数据

身长：30—33厘米
翼展：48—53厘米
体重：140—210克
寿命：15岁

蚁鴷

鴷形目 · 啄木鸟科 · 蚁鴷（*Jynx torquilla*）

很不幸，蚁鴷是一种衰落的物种，在法国所处的纬度地区越来越罕见。曾几何时，每当春天到来，这种稀奇的鸟儿便用它浓重鼻音似的歌声宣告它已从非洲的冬季栖息地返回。它是啄木鸟的近亲，每只爪子也是两趾朝前、两趾向后。它通常不喜欢惹人注意，这是一件憾事，因为它完全隐入树皮背景中的漂亮羽毛其实具有很高的观赏性。它的羽毛图案复杂，斑点和标志繁多，让人无法准确记住这些图案和标志在鸟身各部位的分布情况。

蚁鴷是名副其实的鴷形目，它拥有一种惊人的能力，会把脖子伸长，像蛇一样缠绕起来。[1]至于跟“蚁”的关系也所言不虚，它很喜欢吃蚂蚁，不辞辛苦地用黏糊糊的细长舌头从地上捉蚂蚁吃。

1 法文“蚁鴷”（torcol）一词有“绕颈”之意。——译者注

物种数据

身长：17厘米
翼展：27厘米
体重：30—40克
寿命：接近7岁

金黄鹂

雀形目·黄鹂科·金黄鹂（*Oriolus oriolus*）

人们或许以为，羽毛黄灿灿的鸟儿一定逃不过观察者的眼睛，事实却不是这样，这种美丽的金黄鸟儿就像施了魔法一样消失于它钟爱的大树枝叶之间，黄色融入绿色中，倏地不见了，而雌鸟的淡绿色羽毛是更加有效的保护色！要找到金黄鹂必须耐心再耐心。不过，如果您的花园里种着樱桃树或桑树，那偶遇的机会将大增，因为金黄鹂非常喜欢这些树结的果子，您在逛花园时正好能够观察它淡红色的喙部以及与身上黄色羽毛截然不同的乌黑的翅膀和尾巴。幸好，即使看不到金黄鹂，也很容易听到它的歌声，这毫无疑问是一场听觉盛宴。一定要好好享受这样的机会，因为金黄鹂是一种候鸟，4月才姗姗来迟，8月就迫不及待地离开了。只有在最初一段逗留的日子里，它才有兴趣舒展歌喉。

物种数据

身长：22厘米
翼展：43—44厘米
体重：68—78克
寿命：接近11岁

松鸦

雀形目・鸦科・松鸦（*Garrulus glandarius*）

为什么这里要介绍松鸦？很多人都以为松鸦不会唱歌，事实完全相反，它很喜欢发出独具特色的很不悦耳的尖叫。它的叫声功能很明确，没有辜负人们给这种鸟儿所起的“森林哨兵”的绰号。松鸦时刻保持警惕，四下观望，行事诡秘，往往能够首先发现各种类型的危险，无论是猛禽、狐狸、猎人，还是闲步林间的人，都能立刻引发松鸦响亮刺耳的鸣叫。警报发出后，森林里的“居民”们，无论是松鼠还是知更鸟，便都打起精神准备逃命。

松鸦可不是仅会惊叫，它还会模仿很多鸟鸣和声音。它的拿手好戏之一是喵喵叫，这是模仿猫或欧亚鵟的叫声。

除了英勇的鸣叫，松鸦还是一种很漂亮的鸟。特别要提到它翅膀上一小片美丽的钴蓝色羽毛，十分鲜艳夺目，这是法国其他任何鸟儿都不具有的。

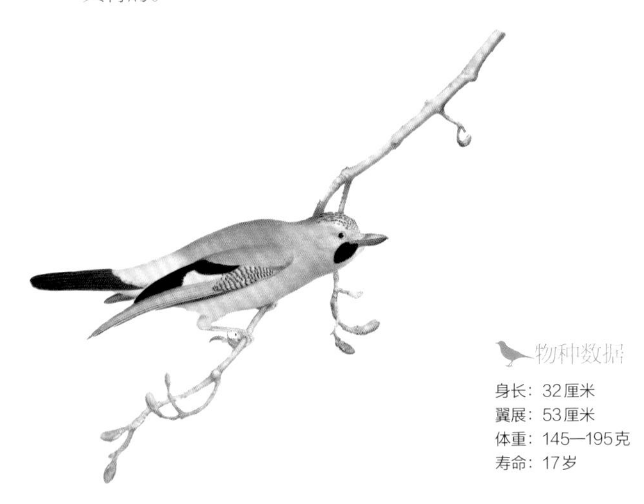

物种数据

身长：32厘米
翼展：53厘米
体重：145—195克
寿命：17岁

LE GÉAY

大山雀

雀形目 · 山雀科 · 大山雀（*Parus major*）

大山雀在一定程度上可以称得上是花园里的女王。为什么这么说呢？它的王牌是外表漂亮，其次是性格开朗，还有一个优势是它的身影出没各处。大山雀最初栖息在森林里，如今已经习惯了在花园与人类毗邻的生活。大山雀很容易被观察到，不过最佳观赏地点毫无疑问是鸟食槽周围，它喜欢吃那里的油脂食物和葵花子。除此之外，它最常出没于树木、灌木和茂密的树篱间。它不像小个头的近亲蓝山雀那么警惕，而是时常喜欢摆出高难度姿势，倒挂在树枝上。虽然能够很娴熟轻盈地在地上跳来跳去地走路，不过它并不经常下地，而是更愿意躲在枝叶纵横的树上。

大山雀一年到头都可以见到，春夏之交的数量更加可观。尚未分巢的大山雀会拖家带口地四处游荡；到了秋天，鸟儿开始迁徙，大山雀的数量依地区和年份的不同而多少不一。

物种数据

身长：12—14.5厘米
翼展：21—23厘米
体重：15—22克
寿命：15岁

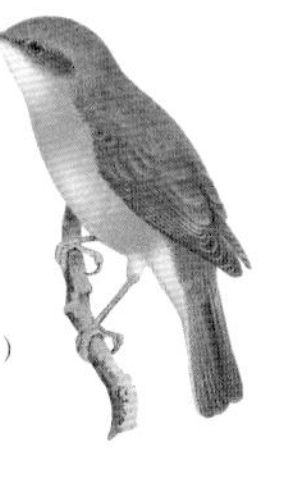

白喉林莺

雀形目·莺科·白喉林莺（*Sylvia curruca*）

与庭园林莺（参见第60页）一样，白喉林莺也喜欢茂盛的树篱，而且更加偏好黑刺李树和山楂树。春季，当从非洲过冬地返回家园后，它很喜欢煞有介事地巡视树篱，在芬芳的花丛中，它能找到毛毛虫等昆虫作为日常食物。

正是在这个季节，只要花园里有开花的树篱和舒适的矮树丛，人们就很容易在那里看到白喉林莺，否则就要到灌木丛生的草地上和新生的树林里去寻找它们。

它的歌声只会缭绕于一些地方，在有幸能听到它歌声的地区——在法国，白喉林莺仅生活在从布列塔尼到蔚蓝海岸一线的东侧——它称得上是春天的信使。

有趣的是，白喉林莺深受影视配乐者的喜爱，因此它的鸣唱出现在很多电影配乐里，营造出一种田园牧歌的氛围。

物种数据

身长：12.5厘米
翼展：19厘米
体重：12克
寿命：约8岁

庭园林莺

雀形目 · 莺科 · 庭园林莺（*Sylvia borin*）

小心不要被它的名字欺骗！庭园林莺并不经常光顾庭院和花园，它喜欢茂密的树篱和矮树灌木丛生的地区，它到访的一般是面积较大的花园——矮树丛和大量灌木自由自在地在那里“铺枝散叶”。黑刺李树、山楂树和悬钩子很符合它们的喜好，不过相对于筑巢期来说，它们栖息在这些树上时更多是在迁徙期。不管在哪里遇见它，都要好好欣赏它的歌声，因为它毫无疑问是最优秀的歌唱家之一。

在枝叶掩映中，当歌唱家终于显露真容，难免让人有些失望，因为它的羽毛以浅浅的棕褐色为主，毫无惊艳之处。各种鸟类学手册也对此直言不讳：“羽毛无显眼标志。”这番评论不能说完全正确，因为庭园林莺的颈上有一点灰色的类似披巾的羽毛，看起来还是很有趣的。

物种数据

身长：14 厘米
翼展：22 厘米
体重：19 克
寿命：14 岁

黑头林莺

雀形目 · 莺科 · 黑头林莺（*Sylvia melanocephala*）

在阳光灿烂、蝉噪不已的法国南部，黑头林莺是必不可少的一个角色。让鸟类学家深感头痛的是，这种鸟儿喜欢藏身在草木深茂之处，尤其喜欢茂密的森林或植被繁盛的花园。

黑头林莺勤于觅食，可惜人们往往只闻其声不见其身。它的头顶仿佛黑色的天鹅绒，包裹着红宝石般的眼睛，错过这么漂亮的鸟儿真是遗憾。多付出一点儿耐心，摸清它的出行规律，人们便能够撞见它在灌木丛间静悄悄地疾飞。一定要抓住时机，因为它只会在观察四周时停留极短的时间。在夏日消逝后，它是留下陪伴我们的为数不多的莺科鸟类之一。

物种数据

身长：13厘米
翼展：15—18厘米
体重：10—15克
寿命：8岁

绿篱莺

雀形目·莺科·绿篱莺（*Hippolais icterina*）[1]

它是歌篱莺（参见第63页）的近亲。两种鸟儿十分相似，如果不听它们的鸣唱，非专业人士很难分辨：歌篱莺的鸣啭较为尖锐，绿篱莺的歌声则圆润成熟许多。绿篱莺能发出其他种类鸣禽的啼叫声，它的效鸣简直能以假乱真。通常人们只闻其声而难见其身，绿篱莺很擅长藏身于枝叶中间。这两种篱莺还有一个区别，那就是分布区域不同，歌篱莺几乎在法国全境都有分布，而绿篱莺仅生活在法国东北部。绿篱莺喜好出没于枝繁叶茂的林地，特别是栎树、桦树和针叶树木之间，在树木茂密的大公园里也能见到它。

绿篱莺善于长途迁徙，9月离开法国，远赴非洲南部，次年4月归来。

1 原书误作“鸫科·槲鸫”（Turdidés·*Turdus viscivorus*）。——译者注
原书后文仍有不准确之处，直接予以改正，不再一一注明。——编者注

物种数据

身长：13厘米
翼展：22厘米
体重：11—18克
寿命：接近11岁

歌篱莺

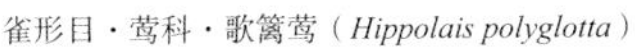

雀形目·莺科·歌篱莺（*Hippolais polyglotta*）[1]

它是个多嘴多舌的鸟儿！它的羽毛乏善可陈，几乎全身都是不起眼的浅绿、浅褐和浅黄色，它的聒噪饶舌却让人印象深刻。之所以赢得“通晓多种语言”的这个名号，得益于它能够效仿很多其他鸟儿的声音，虽然熟练程度不一。

它喜好站立在灌木丛上鸣唱。选择一处显眼的高枝，它便大大方方地展开歌喉，喉部的羽毛散开，头顶的羽毛也竖直起来，仿佛要把心中的激动一吐为快，遍告四方。不过，它也常常喜欢藏匿在枝叶深处，虽然能 听到它的歌声，却无法看到它，因为它的羽毛完全隐入周围的绿叶之中；即使认真寻找，有时也只能失望而归。

秋季即将来临的时候，歌篱莺就离开我们迁徙到远方了。只有春深日暖的时节，我们才能再次聆听它的欢唱。

1 此处原书作者把歌篱莺归属于雀形目·莺科（Sylviidés），有的鸟类分类法把歌篱莺归为雀形目·苇莺科（Acrocephalidae）。——译者注
鉴于鸟的分类方法在国际上未能完全统一，在保留原书面貌的基础上尽量采用通行分类法，后文不再逐一注明，在此特做一说明，请读者注意。——编者注

物种数据

身长：13厘米
翼展：19—20厘米
体重：11克
寿命：接近9岁

欧柳莺

雀形目·莺科·欧柳莺（*Phylloscopus trochilus*）

对于鸟类爱好者们来说，没有欧柳莺就没有春天。说得明白些，尽管这种小小的鸣禽体重仅有几克，但是在新的季节里，如果听不到它那诗意盎然的美丽歌声，就算不上真正的春天。从非洲过冬地返回后，这种擅长旅行的鸟儿会在柳树和桦树的嫩绿枝条间活泼地穿梭。它在树叶、蓓蕾、花朵和柔荑间搜寻小昆虫，用细小尖锐的嘴巴飞快地捕食，因为经过长期的夜间迁徙，它急需补充体力。虽然歌声优美，但是欧柳莺的羽毛平淡无奇，约略有些发绿，还带点黄色，此外就没有其他值得提及的了。幸好它喜欢唱歌，否则很难把它跟其近亲叽喳柳莺（参见第66页）区分清楚。要是柳莺不张口，专家们也只好沉默，无法轻易辨明它的身份……

物种数据

身长：11厘米
翼展：18.5厘米
体重：8克
寿命：接近11岁

1
2

叽喳柳莺

雀形目 · 莺科 · 叽喳柳莺（*Phylloscopus collybita*）

绿褐色的羽毛，体型弱小，如果不是鸣声如此容易被听到和辨认，叽喳柳莺的行踪是难以觉察的。

在所有的花园里都能见到叽喳柳莺，不过它只在拥有类似天然植被的花园里筑巢。此外，它还穿梭于树篱、灌木丛、矮树和乔木之间，尤其喜欢阔叶树，也能待在针叶树上。它偶尔会短暂飞落到地上觅食。由于它一刻不停地到处活动寻找食物，很难用望远镜来跟踪它。[法国博物学家布丰（Buffon）指出，在法国某些省份，人们把它叫作“跳跳鸟”[1]]

理论上来说，几乎在所有地区都能全年看到叽喳柳莺，但实际上，在大部分地区，它差不多整个冬天都销声匿迹；不过在法国西部和南部，冬天倒是经常见到叽喳柳莺。而在冬天完全或几乎见不到叽喳柳莺的地区，它的归来（或数量的增加）是在2月和3月，在这些地方，每年11月开始，就很难见到叽喳柳莺了。

物种数据

身长：10.5—11.5厘米
翼展：17—18厘米
体重：6—9克
寿命：7岁以上

1 原文为“frétillet”，有跳动之意。——译者注

戴菊

雀形目·戴菊科·戴菊（*Regulus regulus*）

戴菊是鸟类中的小不点儿，用裸眼凑近观察一下，您简直会疑惑，这么个小东西怎么能经受风吹呢?

戴菊与它的近亲火冠戴菊都是很小的鸟类。要发现它的所在，必须沿着针叶树，循着它永不停息的绝妙尖锐的鸣叫声仔细寻找；另外还需要一点儿耐心和运气。

这种小鸟往往占据大树的顶端，逆光导致人们很难观察到它。通常有两只或数只戴菊共同栖身，无一例外都非常敏捷，很难被人发现。

秋季和冬季是观察戴菊的好时节。在秋天，迁徙戴菊的到来暂时增加了它们的数量；到了冬天，来过冬的戴菊便与当地定居的同类共同生活，或者取代后者。

然而，由于戴菊离不开针叶树，当针叶稀疏之后，就无法指望有更多机会看到戴菊了。最好的情况是它们能稍稍纡尊降贵，光临崖柏树篱。

物种数据

身长：8—10厘米
翼展：15—16厘米
体重：5—6克
寿命：5岁

普通䴓

雀形目 · 䴓科 · 普通䴓（*Sitta europaea*）

它简直像电池一样能量充沛！普通䴓不停地在树木间飞来飞去，发出响亮的鸣叫，看着它这般忙碌真是一种乐趣。

在花园里，普通䴓逐渐不再怕人，虽然仍不失警惕，但是看到人并不会逃走。

想观察它，首先要找到它每日穿梭的树木，得益于它的喋喋不休，这倒不是很难办到。普通䴓究竟是如何攀爬的，这是个老生常谈的话题了。与啄木鸟和旋木雀不同，它在树干和粗枝上可以向各个方向移动，之所以拥有这种自由度，是因为它并不把尾巴作为支撑点，而仅靠爪子来用力爬升和下降。观看它像老鼠一样走走停停地钻来钻去，是件很有意思的事情。鸟食槽附近是一个绝佳地点，可以非常近距离地观察普通䴓的活动。

通常，成年的普通䴓不会离开鸟巢四周方圆1千米的范围，而幼鸟会在距离母巢10千米以内找到自己的领地。

物种数据

身长：13.5厘米
翼展：26—27厘米
体重：20—25克
寿命：接近13岁

鹪鹩

雀形目 · 鹪鹩科 · 鹪鹩（*Troglodytes troglodytes*）

精力充沛的身体上永远翘着一个小尾巴——这短短一句话是对鹪鹩的确切描述。

鹪鹩在乡下的名气很大，不过时常被错误地叫作“戴菊”。它确实长得娇小圆润，不过脾气却很火暴！它把自己的地盘看得很紧，花费大量时间在边界上鸣唱，它的领地大约有10000平方米，跟它的个头比起来算是相当宽阔了。

鹪鹩常常像啮齿动物一样在草木间钻来钻去。当它在灌木丛之间疾飞时，在很短的时间内会像体型很大的昆虫一样直直地飞，快速拍动又短又圆的双翅，仿佛昆虫振翅一般。它有时喜欢站在开阔显眼的地方，尤其是在高声歌唱的时候，会站在高挑的树枝上、木堆上或墙顶上大展歌喉。

冬季比较适宜观察鹪鹩。在冬天鸣唱的鸟儿不多，但它是其中之一，再加上这时候植被稀疏，因此它很容易让人觉察，这是人们观察它的最佳时机。

物种数据

身长：9—10厘米
翼展：14.5厘米
体重：7.5—14克
寿命：6岁以上

紫翅椋鸟

雀形目 · 椋鸟科 · 紫翅椋鸟（*Sturnus vulgaris*）

紫翅椋鸟有时候会被人错认为乌鸫（参见第76页），因为喜欢偷食樱桃而惹人讨厌。其实它是吃虫子的，虽然声誉不佳，但是对人很有益处。

野外的紫翅椋鸟非常怕人，城市里的同类就大胆多了，甚至允许人们在公园草坪上近距离观察。花园里的紫翅椋鸟是胆怯还是勇敢，要看花园的主人如何对待它：主人宽待，它便允许人们稍稍走近些。无论如何——哪怕仅仅一次——花点儿时间仔细观察紫翅椋鸟的羽毛，冬天的羽毛布满白点，交配季节则换上一身泛着金属光泽的深色礼服。羽毛的形状也很有趣，有的羽毛呈矛头形状。要注意，在筑巢的高峰期，它的喙底部为浅蓝色，其余部分却是黄色。

春季，切不可错过雄性紫翅椋鸟美妙高亢的歌声，它能够惟妙惟肖地模仿很多鸟儿的啼唱和鸣叫片段以及其他多种声音。

物种数据

身长：17—21厘米
翼展：37厘米
体重：60—95克
寿命：22岁

《松鼠椋鸟女人像》，小汉斯 · 霍尔拜因（1497—1543），作于约1527年

欧亚鸲

雀形目·鹟科·欧亚鸲（*Erithacus rubecula*）

欧亚鸲，俗称知更鸟，它的身材圆润丰满，大大的眼睛乌黑闪亮，胸前是漂亮的橙黄色羽毛。它对人十分信赖，因此各地的人都很喜欢它。

怎样观察知更鸟呢？拿一把园艺叉子在花坛里翻土，几分钟后，知更鸟就会飞来啄土里的虫子。然而这种鸟儿不是在哪里都这么大胆，在建成日久的花园里，鸟儿往往不怕人；而新建的花园里，就不一定了。

无论如何，如果花园里来了一只知更鸟，即使它显得很胆怯，仍然能够让人进行非常仔细的观察。鸟食槽附近也是很好的地点，能够近距离观察这种外表宜人、形态生动的小鸟。花园的主人们以为他们花园里的知更鸟自始至终是同一只，事实却大相径庭，虽然某只知更鸟可能在某地待上一段时间，甚至能超过两年时间，不过这种鸟儿四处迁徙的本能使得人们年复一年看到的是一只只不同的鸟儿。

物种数据

身长：13厘米
翼展：22厘米
体重：13—19克
寿命：17岁

新疆歌鸲

雀形目·鹟科·新疆歌鸲（*Luscinia megarhynchos*）

新疆歌鸲，俗称夜莺，是最能给诗人和作曲家灵感的鸟儿之一，这要归功于它迷人的夜曲。

欣赏夜莺的最佳方式是不去看它。当夜幕降临，在室外静候聆听夜间演出。多只夜莺互相唱和，那简直是一场不可思议的音乐会。

夜莺的歌声洪亮有力，而且充满创意，其中奥妙让人无法描述，光是聆听夜莺的歌声就让人感到无比享受。但由于夜莺谨慎多疑，观察夜莺则完全是另一回事了。

夜莺在法国的南部最为常见，在很多地方的花园里都能见到它。接近“天然”的花园对夜莺比较有吸引力，如果花园的灌木丛和矮树林与四周原野连成一片，那更是夜莺喜欢光顾的地方。

夜莺是长途迁徙的候鸟，总会在夜间飞行。最早的夜莺在3、4月间到来，这批是雄鸟，它们一回来便放声歌唱；稍晚些时候，雌鸟也接踵而至；而10月之前，所有夜莺就都出发前往撒哈拉以南的非洲地区了。

物种数据

身长：16.5厘米
翼展：23—26厘米
体重：17—36克
寿命：接近11岁

赭红尾鸲

雀形目・鹟科・赭红尾鸲（*Phoenicurus ochruros*）

虽然赭红尾鸲不是花园里的固定访客，但是人们也能在那里看到它，甚至还不算少见。赭红尾鸲喜欢生活在山岩上，也逐渐适应了各种石质的环境。也就是说，很多赭红尾鸲离开悬崖峭壁后，定居在了高楼大厦、废墟、居民区以及周围的花园里。

首先要到高处寻找这种鸟儿——屋顶、烟囱口、电视天线顶端、墙顶等地方。它会在建筑物顶上度过很长时间，却也很乐意飞到花园里扩大自己的狩猎场地，在浆果成熟的季节也会偷果子吃，这些时候是观察它的好时机。它非常警惕，会突然惊跳起来，漂亮的棕红色尾巴发出一阵颤抖，随时准备逃命。在花园里，它喜欢站在木桩或杆子的顶上，偶尔跳到地上。

在气候温和的地方，全年可以见到赭红尾鸲；而在其他地方，它只在夏天出现。

物种数据

身长：15—16厘米
翼展：25—27厘米
体重：16—18克
寿命：10岁

欧亚红尾鸲

雀形目 · 鹟科 · 欧亚红尾鸲（*Phoenicurus phoenicurus*）

欧亚红尾鸲真是花园里美丽的小住客，雄鸟漂亮到能够匹敌某些外来鸟类，而且拥有美妙的歌声！在某些地区，欧亚红尾鸲时常拜访住宅花园，因此在那里看到它们并非难事。它显然比不上知更鸟那么亲近人类，却也不害怕在几米远的位置靠近观察者。这种鸟儿喜欢居高临下，或是鸣唱，或是暗中窥伺猎物。屋脊、天线、滴水檐的一角、木桩、枯枝，这些地方都是欧亚红尾鸲的落脚之处；有时候它也飞到地上捉昆虫。成年欧亚红尾鸲在巢里喂养幼鸟时，时常衔着食物飞来飞去，往往很容易被人发现。

与同属的赭红尾鸲不同，欧亚红尾鸲是一种长途迁徙的鸟类，在非洲度过冬天。春天，首批候鸟大多在4月返回法国；到了10月，最后一批欧亚红尾鸲告辞离去。遗憾的是，这种迷人的鸟儿必须忍耐过冬地不期而至的干旱天气。

物种数据

身长：14厘米
翼展：20.5—24厘米
体重：10—20克
寿命：10岁以上

乌鸫

雀形目 · 鸫科 · 乌鸫（*Turdus merula*）

在美好的季节里，如果少了身着黑缎礼服、唱出笛声般悦耳歌声的鸟儿，花园还算是花园吗？花园里的乌鸫不怕人、不冒失，也不像树林和田野间的同类那么凶猛，很容易让人观察到。

通常，乌鸫会在地上两脚并拢着跳跃前进。有时候，为了离开草地躲到树篱里面，它会小跑一段距离，但更喜欢飞起来逃跑，同时发出几声响亮的惊叫。乌鸫是花园里出现最多的鸟儿之一，在春天和夏初更加常见，因为这段时间是幼鸟孵出的季节；然后是秋天，人们能看到迁徙中的乌鸫，它们为了躲避寒冷天气从北欧和东欧飞来。但在法国南部的花园里，乌鸫就通常于冬天拜访。

它的歌声如此优美，以致人们通常很愿意原谅它偷吃樱桃的行为；如果考虑到它消灭毛毛虫的功劳，它就更应该得到宽容了。

公证人我做不来，
这只能怨伏尔泰；
我只是只小雀儿，
这也只能怨卢梭。

维克多 · 雨果（1802—1885），《悲惨世界》[1]

物种数据

身长：24—25厘米
翼展：34—38.5厘米
体重：80—125克
寿命：21岁

1 译文引自雨果：《悲惨世界》（下），李丹、方于译，人民文学出版社，1992年，第1212页。——译者注

欧歌鸫

雀形目·鸫科·欧歌鸫（*Turdus philomelos*）

欧歌鸫精通音乐，从冬末开始，它那洪亮悦耳的歌声便回荡在花园和树林上空。

18世纪，法国博物学家布丰写道：“它是一种林鸟。”欧歌鸫虽然多流连林间，但也出没于公园和花园，甚至深入人烟稠密的居住区。当它好整以暇地准备放开歌喉的时候，是人们的最佳观察时机。它选择一株大树，站在高挑的视野开阔的树枝上，便开始专心忘我地大声鸣唱。每当这时候，它丝毫不担心被人窥视，人们便能从容不迫地进行观察，因为它的音乐会一时半刻停不下来。当它在草地上走来走去寻觅蚯蚓时，也是人们进行观察的好时机。与乌鸫一样，它会仔细盯着地面，把头歪在一侧，并用力抓住猎物向上扯。它无情地捕食蜗牛，因此是园丁们的好帮手。通常，一年四季都能见到欧歌鸫。

物种数据

身长：23厘米
翼展：33—36厘米
体重：50—100克
寿命：17岁

槲鸫

雀形目・鸫科・槲鸫（*Turdus viscivorus*）

槲鸫的歌声回响在乍暖还寒的明媚清晨里，预示着冬天即将结束。

槲鸫是一种身材健壮的鸟儿，无论站立还是飞行都显得曼妙优雅。作为花园中的稀客，它的停留虽然短暂，却总是让人感到赏心悦目——大花园，尤其是多个接连相邻的花园更能吸引它的驻足。

在老树盘根错节的果园里，适逢秋冬季节，一两只槲鸫（偶尔也会与其他鸫科鸟儿结伴）会前来啄食落地的苹果以及它们酷爱的槲寄生果实。如果前往树林、小树丛和草场周边，也能够增加遇到槲鸫的机会，它有时候栖在树顶，有时候站在地上。它是一年当中最早开始鸣唱的鸟儿之一，寂静的环境更显得它的早鸣难能可贵。有的槲鸫生活在北欧，可以飞越整个欧洲迁徙到过冬地，甚至能到达北非；有的槲鸫只迁徙到很近的地方过冬。

MISTLETOE-THRUSH.
Turdus viscivorus, Linn.

物种数据

身长：26—27厘米
翼展：42—47厘米
体重：95—140克
寿命：21岁

家麻雀

雀形目・雀科・家麻雀（*Passer domesticus*）

家麻雀在农村和城市都有分布，它如此常见，以致人们经常对它视而不见。

麻雀是最早适应人类的鸟类之一，已经习惯了与人类比邻而居，人类和麻雀共同生活已经有几千年的历史。不过，事实上麻雀并不像人们印象中那样数量庞大和随处可见，多项研究表明，麻雀种群的数量在减少，甚至是大量缩减了。

只看在“家雀”帮我们消灭了大量昆虫的份儿上，也应该给它们一片生存之地。从宽泛意义上来说，家麻雀是留鸟，基本上一年四季都待在我们的屋檐下，但筑巢期过后，它可能会离开一段时间。在这段时期，麻雀，尤其是幼年麻雀喜欢成群结队前往田野，寻觅从植株上掉落或仍长在上面的谷物——它们可能一直在野外待到冬末。不过，在并非靠天吃饭的地方（例如畜栏或养马场附近），麻雀是十分恋巢的，会一直住下去。

物种数据

身长：13.5—15厘米
翼展：25厘米
体重：25—35克
寿命：接近20岁

林岩鹨

雀形目 · 岩鹨科 · 林岩鹨（*Prunella modularis*）

羽毛朴素，深居简出，鸣声也不出众：一切似乎都经过深思熟虑，防止引人瞩目。

与其他经常出没于花园的鸟儿类似，林岩鹨在花园里比在原始森林里更加自在。

作为花园里的常客，林岩鹨很容易被观察到，只需要把它跟麻雀区分清楚——它没有麻雀那样粗厚的喙。

麻烦在于，它喜欢钻到灌木丛下或树丛里，因此得了个“灌木游荡者”的诨名。虽然它迟早会离开藏身之处，暴露在人们的目光下，但永远不会远离安全的草木之地。它的步态特征十分鲜明：屈着爪子，腹部着地，不规律地轻轻跳跃。冬季即将结束时，它会作为首批歌唱者中的一员登台献艺，这时的它一反谨慎小心的常态，往往选择站在显眼的地方。

一般来说，在法国大部分地区，它都是花园里的常客；唯有在法国南部，它仅在冬天才会登门拜访。

物种数据

身长：14.5厘米
翼展：21厘米
体重：14—24克
寿命：11岁以上

红额金翅雀

雀形目・燕雀科・红额金翅雀（*Carduelis carduelis*）

请不要误解，这种鸣禽得此美名是因为它的歌声！[1] 它经常光顾花园，同时也在矮树、灌木杂生的地方和低矮草原地区生活。它在这些地方能找到最喜欢的小种子，还有毛毛虫等昆虫，以此为食并喂养幼鸟。当它大声鸣唱宣示领地的时候，则会选择站在高高的枝头。

它站在视野开阔的高挑树枝上或矮树的顶尖上，头部略微后倾，大张着嘴，漂亮的脑袋一览无余，人们很容易辨认出来。它不知疲倦地重复着几乎一成不变的短促鸣唱，这歌声算不上惊艳，却能声震四野，回荡在它的栖息地上空。在布列塔尼的花园里，人们很喜欢听它的歌声，它已经在那里繁衍生息。由于它是在地上筑巢的，猫咪就成了它的危险敌人；尽管如此，这种鸟儿似乎在法国的土地上已能够安居乐业。

1 红额金翅雀的法文名称含有“优雅”（élégant）一词，作者似指这一美名是对鸟鸣的称赞。——译者注

物种数据

身长：11.5—12.5厘米
翼展：23厘米
体重：13—19克
寿命：8岁半（已知最长寿命）

《金翅鸟圣母像》，布面油画，詹巴蒂斯塔・提埃坡罗（1696—1770）

赤胸朱顶雀

雀形目 · 燕雀科 · 赤胸朱顶雀（*Linaria cannabina*）

赤胸朱顶雀虽然瘦小，但是活泼好动，起飞迅捷，它仿佛一件珍宝，浑身精致纤巧。从夏末到冬末，这种鸟儿喜欢结成小群活动，偶尔能在树篱或田野里看到它们。到了春天，雄鸟换上一身为“婚礼”准备的彩色羽衣，观赏价值很高。它很喜欢旷野，它站在树枝上，或者在灌木高处，抑或在荆豆顶尖上，然后敞开玲珑的歌喉——这是欣赏它胸前及额头上红羽的好时机。

如果看到一只正在唱歌的赤胸朱顶雀，那么它的雌性同伴往往在不远之处。雌鸟的外表较为朴素，羽色灰暗，飞得很快；雄鸟紧紧跟着雌鸟，绝不肯让它受到其他雄鸟的引诱！当雌鸟忙着筑巢的时候，夫妻两个形影不离。赤胸朱顶雀肯定就是“朱顶雀脑袋”[1]这个词语的来源，因为它经常完全不顾需谨慎小心的原则而抛头露面……

不过，在法国生活的赤胸朱顶雀数量在20年内下降了将近3/4，这并不能归罪于它的行事鲁莽，而是因为现代农业的发展夺去了食谷类鸣禽的一部分食物来源……

物种数据

身长：13—14厘米
翼展：24厘米
体重：16—21克
寿命：9岁

1 朱顶雀脑袋，法语“tête de linotte”，形容某人头脑蠢笨、顽固。——译者注

苍头燕雀

雀形目 · 燕雀科 · 苍头燕雀（*Fringilla coelebs*）

在花园里，苍头燕雀的行动很小心，它伏在地上，轻轻地一跳一跳地往前走，好像那种搪瓷的铁皮机械玩具。

色泽多样且具有明暗变化，相互对比衬托，羽毛柔软光滑，布有白点——人们很难准确记住所有这些细节，不过，正是这些细节成就了雄性苍头燕雀的美丽。

当它来到鸟食槽附近，人们能很容易观察它，它甚至喜欢钻到食槽下面，捡食掉落在地上的食物；它到水边喝水或沐浴时，也是很好的观察时机。

人们时而能见到这种鸣禽钻到灌木丛或树上躲藏、栖息和鸣唱，这时候可以肯定，“像燕雀一样开心”这个俗语正是来自雄雀从2月到5月鸣唱的欢快节奏。苍头燕雀生性好动，在某个花园里，有的燕雀是常年住客，有的只是逆旅过客——它们在冬季准时拜访，春天一到便不辞而别。

物种数据

身长：15厘米
翼展：26厘米
体重：17—30克
寿命：14岁

欧洲丝雀

雀形目 · 燕雀科 · 欧洲丝雀（*Serinus serinus*）

欧洲丝雀是金丝雀的近亲，体型虽小，脾气却很暴躁，成年雄鸟长着夺目的黄色羽毛。过去，在法国只有在南部地中海沿岸地区才能见到欧洲丝雀；20世纪末以来，它的踪迹遍及法国各地。由于栖息地扩大，现在在法国大部分地区的花园和公园里都能看到欧洲丝雀。

欧洲丝雀并不总是很容易就能观察到，首先是因为这种鸟的数量并非在各地都很多，其次也因为它的行踪颇为诡秘，它喜欢栖在很高的树上，经常躲在树叶后面。到了冬天，树叶掉光，视线是不受遮挡了，但这时候欧洲丝雀在很多地区都消失无踪，已经极为罕见。

秋季非常适宜观察欧洲丝雀，成年和幼年的欧洲丝雀成群结队地在草地和灌木丛里觅食，在地面上，欧洲丝雀的娇小身材很容易躲藏在草木下面。到了春天，雄鸟在求偶飞行中肆无忌惮地歌唱，颇为引人瞩目……

爱情是叛逆的鸟儿，
没有人能把它驯服；
如果它心里不情愿，
用尽口舌也是白费。

亨利 · 梅亚克（1830—1897）和卢多维克 · 阿莱维（1834—1908），《卡门》

物种数据

身长：11—12厘米
翼展：20厘米
体重：10—14克
寿命：7岁以上

欧金翅雀

雀形目 · 燕雀科 · 欧金翅雀（*Chloris chloris*）

欧金翅雀的身上披黄戴绿，而且活泼好动，在花园里很受欢迎。不过很多人不认识它，错把它当成普通的麻雀。

想要看到欧金翅雀并不难，因为在很多地区，它一整年都不会离开。它平时会出入花园，即使很小的花园也不嫌弃，而且很喜欢接近居民区。

这种鸟儿通常喜欢集体生活，特别是从春天到夏天的时候，而且它是鸟食槽最忠实的常客，因此想要看到它简直没有丝毫难度。此外，它的鸣声也很容易被听到，它从不吝惜自己的鸣叫和春日间的鸣啭。它一边鸣唱一边求偶飞行时，也是人们观赏它的好时机。在不同的情况下，欧金翅雀喜欢站立在各种不同的高处：处于警惕之中或是想选择最好的鸣唱场合的时候，它喜欢站在树梢上；如果打算飞到地上找果子吃或落到食槽附近，它会站在矮树上、灌木丛甚至荆棘丛中；为了啄食它喜爱的种子和谷粒，它自然也会站在地上。

物种数据

身长：13—14厘米
翼展：25—27厘米
体重：25—35克
寿命：13岁

飘荡在花园上空的歌声

当鸟类学家们开列花园里的鸟类名单时，他们会把在自家花园里看到的鸟儿列入其中，从花园上空飞过的鹳自然也会被列入名单；此外还有能够在花园里听到鸣声但从不踏足花园的鸟儿。

自上至下：煤山雀、蓝山雀、普通鳾、白脸鳾

凤头麦鸡

鸻形目・鸻科・凤头麦鸡（*Vanellus vanellus*）

若是有幸生活在分布着大量牧场的地区，特别是有大量潮湿牧场的地区，就有机会听到凤头麦鸡为了求偶或保卫领地而发出的奇妙声音。在视野开阔之处，甚至能够看见雄性凤头麦鸡一边发出独具特色的鸣声，一边进行露天演出，堪称法国鸟类最具吸引力的表演之一。它在空中收放自如，接连俯冲，拉平和摆动翅膀，其飞行表演既有力又行云流水。在这些炫耀飞行技能的过程中，如果条件允许，人们便能够听到雄性凤头麦鸡宽阔的双翅发出的特殊声音（雌鸟的翅膀较窄小），仿佛过去那种簸扬麦子的柳条簸箕发出的嗡嗡声——这种飞行技艺高超的鸟儿的名字正是来自簸箕这种物品。[1]

凤头麦鸡的羽毛上有着精美的图案，能发出迷人的金属光泽，漂亮的鸟冠也会随着微风起伏。

1 法文“凤头麦鸡”（vanneau）与“簸箕”（van）词形相近。——译者注

物种数据

身长：28—31厘米
翼展：67—72厘米
体重：220克
寿命：24岁

大杜鹃

鹃形目 · 杜鹃科 · 大杜鹃（*Cuculus canorus*）

如果所有鸟儿的鸣声都像大杜鹃那么简单好认，鸟类学家们就省事了！

大杜鹃毫不吝惜它的歌声，它的鸣唱与春天的脚步十分合辙押韵，很多园艺师和散步者都不止一次听过，但见过大杜鹃真身的人却少得多。不过，大杜鹃并不特别热衷于隐藏自己，反而喜欢站在大树没有遮拦的树枝上、矮树顶上或树篱上，甚至海边的岩石上！它在这些地方站好，竖起尾巴，翅膀低垂，毫无保留地发出它那双音节的啼叫。外行人之所以很少能认出它，是因为想不到这只长相凶猛、张开尖翅疾飞的小鸟正是一只大杜鹃。

众所周知，雌大杜鹃不会筑巢，而是在其他鸟儿的巢里产卵，由养父母负责哺育幼鸟。结果大杜鹃到了展翅飞翔的时候，体型比养父母还要大许多！

身长：34厘米
翼展：60厘米
体重：90—142克
寿命：不明

云雀

雀形目·百灵科·云雀（*Alauda arvensis*）

在布列塔尼打理花园时，人们很喜欢听云雀在周围的田野和草地上空嘹亮地鸣唱。这种鸟儿似乎可以被称为“歌唱云雀”，因为它的歌声总是那么活泼。精力充沛的云雀能够连续歌唱几分钟，让人觉得它甚至连气也不换一次！但这当然不是真的，云雀在鸣唱期间会有极为短暂的停顿时间悄悄换气。云雀是来自大草原的鸟类，很久以前就学会了在没有栖身之处的情况下放声歌唱，它一边飞行一边鸣唱，振动着双翅，很快就在高空化作一个小点。当然，它的好身手非常消耗体能！

等到演出结束，云雀便从高空降下来，一开始飞得非常缓慢，随后往往像石子一样迅速跌落，这是为了迷惑潜在的猎食者，让它们无法预测它的降落点。一旦落地，与泥土和干草同色的羽毛就起到很好的保护作用，把它巧妙地伪装起来。

物种数据

身长：17厘米
翼展：35厘米
体重：22—47克
寿命：10岁

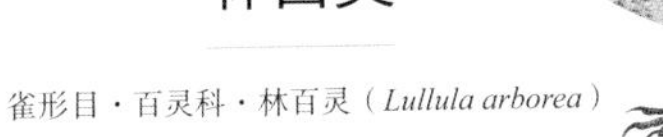

林百灵

雀形目・百灵科・林百灵（*Lullula arborea*）

很多对鸟类熟悉的人认为林百灵是众多鸣禽歌唱家中的佼佼者，更有人不吝溢美之词，称它是其中最优秀的一位。这种评价非常恰当，因为这种歌声优美的鸟儿在奥利维耶・梅西安（Olivier Messiaen）的《鸟类志》（*Catalogue d'oiseaux*）[1]中占有重要一席，它笛鸣般柔美的歌声让听者陶醉。

林百灵心目中的乐土是乡村田野和荒原大地，树篱和灌木丛在其中纵横交错，它尤其偏爱针叶树。林百灵能够稳稳地站在树梢上放歌，也喜欢在飞行中鸣唱。在高空中，它一边唱出节奏明快的乐章，一边沿着宽阔的环形飞行路线翱翔。有时太阳还未升起，它便开始起飞歌唱了——四周仍是一片夜的寂静，忽然听到林百灵的歌声，这种感觉真是美妙极了。

在现代社会，虽然鸟类的生存面临很多不利因素，不过林百灵却是能够基本保持种群数量的鸟种之一。这是值得“谨慎”乐观的，至少我们在未来很长一段时间还能听到这位艺术家的献声。

1 奥利维耶・梅西安（1908—1992），法国作曲家和鸟类学家，创作了大量受鸟类鸣声启发的音乐作品，其中包括《鸟类志》。——译者注

物种数据

身长：15厘米
翼展：30厘米
体重：29克
寿命：不明

凤头百灵

雀形目 · 百灵科 · 凤头百灵（*Galerida cristata*）

在很多地方，“羽冠云雀”是过去人们给凤头百灵（数量已经大减）起的名字。在还能看到凤头百灵的地方，它出没于农场附近或城乡接合部，喜欢在那里的视野开阔之处四处游荡觅食。人们有时能在超市停车场或学校活动场地上看到一两只凤头百灵，因为雌雄凤头百灵总是出双入对。它飞快地走来走去，不时啄食谷粒或面包屑。由于缺乏安全感，它会把平常骄傲挺立的羽冠耷拉下来。

凤头百灵能在高空发出优美的歌声，难怪会被误认作云雀。它一边演唱，一边在空中绕一大圈，几乎能在极高处迎风静止，但要在空中发现它的身影并不是很容易，因为它往往只是一个小小的点。

一旦降落到地上，除非站在完全裸露的地面上，不然它会一下子隐入周围的环境之中。

物种数据

身长：17厘米
翼展：34厘米
体重：37—49克
寿命：11岁

林鹨

雀形目 · 鹡鸰科 · 林鹨（*Anthus trivialis*）

林鹨需要的是视野开阔的草地，草地上往往生长着栎树或针叶树等几棵大树，再点缀几棵矮树或茂密灌木就更好了。它是在地面上觅食，坚持不懈地在地上搜寻各种昆虫和无脊椎小动物，这份食谱就是它冬天到来之前就离开欧洲前往非洲的理由。它时常在高处放歌，有时会离开自己熟悉的栖息地，飞到更高处。它在上升时鸣唱，也在降落到栖息处时鸣唱，有时也会飞落到先前的地方；在从空中飞下时，它舒展双翅，竖起尾巴，颇像一只风筝。不知疲倦的林鹨能在一天之内进行十多次空中飞行表演和歌唱。

这种鸣禽主要以其独特的歌声被人所熟悉和欣赏，不过它质朴的羽毛也值得仔细观察。

物种数据

身长：15厘米
翼展：26—27厘米
体重：22克
寿命：8岁以上

几种具有独特歌声的鸟儿

下面介绍的几种鸟，其中至少有几种是远离花园生活在特殊环境中的，它们的共同点是具有独特的鸣声。它们的——鸟类学意义上的——鸣啭通常让人感到十分惊讶，每一种鸣声都是对某种环境的反映，作为主要甚至决定性因素，塑造出一种特殊的氛围。

普通楼燕

大麻鳽

鹳形目・鹭科・大麻鳽（*Botaurus stellaris*）

初次看到大麻鳽的经历往往是值得回忆的。这种特殊的鹭科鸟类极难一见，若能够观察到它，足以给人留下深刻印象。

首先，这种鸟儿颇为罕见，遇到它的概率不高。其次，它栖息于大片芦苇生长的芦苇荡中。它喜欢宽阔的芦苇荡，不过在冬季或迁徙期，只好屈身于一丛丛低矮芦苇生长的地方，使人有机会在城郊湿地中遇见它。最后，它的羽毛色泽大体上是暗色和灰白线条的交替，与芦苇秆子十分相似。受到惊扰之时，它只要竖直、拉长颈子，就能与周围环境融为一体，堪称教科书级别的伪装术。

天寒地冻的季节对大麻鳽来说非常难熬，它不得不费力寻找食物，这倒是观察者的福音——这样他们就有机会观察到大麻鳽小心翼翼地在冰面上行走。

物种数据

身长：73厘米
翼展：106—111厘米
体重：1000—1370克
寿命：11岁以上

白腰杓鹬

鸻形目 · 鹬科 · 白腰杓鹬（*Numenius arquata*）

涉禽的爪和喙通常较长，在落潮时出没于沿海滩涂，冬天尤其多见。

白腰杓鹬的身形与鸽子相似，相对于滨鹬和沙锥等“小型涉禽”，它被称为“大型涉禽”。它的体形极具特征，让人远远一看就能认出来：它有一张长长的弓形嘴巴，用来取出沙地中的猎物，挖掘海潮退去后留下的淤泥；雌性白腰杓鹬的嘴巴通常比雄性更长，某些个体的嘴巴尺寸可能更加惊人。

当繁殖季到来，白腰杓鹬离开海滩，前往沼泽地、干燥的旷野甚至高地上。雄性白腰杓鹬鸣叫着飞越荒野上空，它们声调优美的呼号更加衬托出一片凄凉景象。

物种数据

身长：40—50厘米
翼展：94—110厘米
体重：800—900克
寿命：31岁以上

普通雨燕

雨燕目 · 雨燕科 · 普通雨燕（*Apus apus*）

普通雨燕似乎在寻找自己的身份……对于普通大众来说，普通雨燕实际上是不存在的，因为他们通常会把普通雨燕和燕子弄混。4月底到5月初，在城里总是听到这样的话："燕子回来了啊！"然而，要是再仔细看看这些成群结队飞来、叫声尖锐的鸟儿，就会发现它们浑身都是黑色，与腹部白色的燕子不一样。在大众的无意识心理中，这种鸟儿的鸣叫与城市的夏季奏鸣曲无法分割，在塑造城市美好季节风貌的电影原声里面，大多采用它的鸣声；有趣的是，在欣赏古典乐和爵士乐的夏季露天音乐会唱片时，也能够在背景音乐中发现它的鸣声。一到晚上，普通雨燕不遗余力的歌声便会刺破城市的苍穹。

物种数据

身长：16厘米
翼展：38—40厘米
体重：42—47克
寿命：21岁

煤山雀

第三章
当鸟类启发音乐家

丰富的历史经验

鉴于某些鸟类拥有美妙的歌喉，因此丝毫也不令人感到惊讶——它们的歌声很早就开始启发作曲家了。过去，鸟儿的鸣叫和歌唱只有借助于乐器或人声才能出现在音乐作品中，随着技术的进步，现在已经能够直接应用于音乐创作中。

红腹灰雀

文艺复兴音乐

鸟类的发声尤其是鸣唱，早在文艺复兴时期就开始被人模仿，如法国的复调歌曲。克莱门特·雅内坎（Clément Jannequin，15世纪末—16世纪中叶）创作过三首为爱好者熟知的短歌（每首仅有几分钟长短）：《小鸟之歌》（*Le Chant des oiseaux*）、《云雀之歌》（*Le Chant de l'alouette*）和《夜莺之歌》（*Le Chant du rossignol*）。在第一首歌曲中，可以听到“提匹-提匹-提匹”“于依-于依-于依”或“考吉-考吉-考吉”这样的拟声，用以表现鸟类的鸣叫和歌唱。这些拟声要求歌唱家具有高超的技巧，把自己的声音融入一片欢快之中，表面上嘈杂无序，但实际上井井有条。经过歌唱家出色的演绎，歌曲的效果十分惊人，非常值得一听！特别建议听听《小鸟之歌》末尾对布谷鸟的诙谐模仿，这在歌曲中变为“考居……考居……”的声音。这倒没有什么好惊讶的，因为“考居”（cocu）这个词出现于14世纪，是“布谷鸟”（coucou）的古老变体，最终由于这种鸟儿把卵产在别的鸟巢里的欺骗行为而获得了它的引申义。[1]词源学家指出，布谷鸟的叫声被用于辛辣地讽刺受到欺骗的鸟儿。

1 cocu一词意为“配偶有外遇的人”。——译者注

岩鹨

巴洛克音乐

文艺复兴音乐之后，巴洛克音乐也乐于吸收鸟鸣元素，意大利费拉拉的吉罗拉莫·弗雷斯科巴尔第（Girolamo Frescobaldi，1583—1643）等一批作曲家即为代表，弗氏的代表作为四重奏《布谷鸟鸣唱随想曲》（*Caprice sur le chant du coucou*）。几十年后的维瓦尔第（Vivaldi）也成为这批作曲家中的一位，他的《四季》（*Quatre saisons*）久负盛名，在协奏曲《夏》（*L'Été*）中用小提琴模仿布谷鸟的歌唱——又是布谷鸟；在《春》（*Printemps*）之中，三把小提琴合奏表现树下小鸟们的啁啾鸣声。并不是只有意大利人实践了这种可以称为“鸟类音乐学”的手法，18世纪，人们使用大键琴来模仿多种禽鸟。伟大的让-菲利普·拉莫（Jean-Philippe Rameau）创作了很多为人熟知的波澜壮阔的歌舞剧，例如《殷勤的印度人》（*Les Indes galantes*），也运用自己的才华写出了一些更加个人化的充满奇思妙想的作品，比如知名度很高的《母鸡》（*Poule*），人们很容易在其中听出母鸡典型的“咯咯哒”的叫声！其他一些不太知名的音乐家，例如创作《斑鸠》（*Tourterelles*）的弗朗索瓦·达然古（François d'Agincourt）以及创作《燕子》（*Hirondelle*）和《布谷鸟》（*Coucou*）（布谷鸟真是大赢家）的路易–克劳德·达坎（Louis-Claude Daquin），也都在模仿鸟鸣的主题上进行了发挥。

路易–克劳德·达坎

吉罗拉莫·弗雷斯科巴尔第

紫翅椋鸟

古典时期的音乐

有个特殊情况值得一提。莫扎特曾在信札中谈及两只鸣禽。第一只出现在1770年5月写给他姐姐的一封信件中，他问“亲爱的姐姐”：“我们的金丝雀大师怎么样，它还唱歌吗？是不是总是叫个不停？”第二只是一只紫翅椋鸟，出现在他的记账簿里，据记载于1784年购得。他记下了购买这只鸟的价钱，甚至还用五线谱记录了一段它的鸣啭，据说这段旋律与莫扎特在不久前创作的G大调第17钢琴协奏曲（编号453）的第三乐章相近。事情是这样的，在拜访某个捕鸟人时，音乐家莫扎特可能用口哨吹出了这部协奏曲的几个节拍；在随后的拜访中，这只紫翅椋鸟（本书第70页已经介绍过它的模仿才能）大概相当精确地模仿出了这段旋律，为此十分惊讶和着迷的莫扎特当场把它买了下来。1787年，这只鸟儿死去了，作曲家莫扎特深感难过，不仅将它下葬，还为它写了一首诗作为墓志铭：

> 一只亲爱的小小椋鸟安葬于此……
>
> 读这首诗的人啊，请你也为它抛洒一滴眼泪！
>
> 它生前并不可恶，或许只是有点聒噪。

这只小鸟可绝不会知道自己得到了这样一位音乐家的赞美……

贝多芬也毫不犹豫地把鸟儿的鸣唱谱入作品之中。最著名的例子是第六交响曲《田园》(*Pastorale*)，鸟儿从第一乐章开始就登场了，埃克托尔·柏辽兹（Hector Berlioz）在针对贝多芬作品的评论中指出："喋喋不休的鸟儿们飞翔着，成群结队地簇拥着，喧闹着掠过你的头顶。"第二乐章的尾声是整个作品中表现力最丰富的部分，可以从中听到对多种鸟鸣的模仿，音乐家还亲手在总谱中记下他选取的几种鸟儿的名称：笛子用于诠释夜莺的歌声，鹌鹑的鸣唱以双簧管吹奏，单簧管则用来效仿布谷鸟的叫声。

云雀、布谷鸟和夜莺

我们已经看到，在激发作曲家灵感方面，云雀、布谷鸟和夜莺是三大赢家，这几种鸟的歌声有时在音乐作品中一闪而过，有时则构成重要元素。除了上文提及的乐曲片段，还有如下一些作品——当然除此外还有很多此类作品——亨德尔（Haendel）出色的F大调第13号管风琴协奏曲《布谷鸟与夜莺》（*Le Coucou et le Rossignol*）、海顿（Haydn）的弦乐四重奏作品六十四号之五《云雀》（*L'Alouette*），还有维瓦尔第的小提琴协奏曲《布谷鸟》（*Le Coucou*）。

同样值得一提的是，俄国作曲家米哈伊尔·格林卡（Mikhail Glinka）非常推崇云雀，用这种歌声悦耳的鸣禽命名了一首优美的女高音浪漫曲，后来这首曲子被同胞作曲家米利·巴拉基列夫（Mili Balakirev）改编为钢琴曲和竖琴曲。

《米哈伊尔·伊万诺维奇·格林卡》，伊里亚·叶菲莫维奇·列宾（1844—1930）绘，纸板水彩画，约1870年

仍然并永远迷人的鸟儿

20世纪仍然涌现了大量表现鸟鸣的作品，此类作品数不胜数，我们只能略举一些例子。不过例子也不能太少，否则难以展现这一主题的丰富性。遍览众多乐谱，将再次看到某些早已“功成名就”的鸟儿。

自上至下：黑顶林莺、夜莺

云雀、布谷鸟和夜莺仍旧当红

卡米耶·圣-桑（Camille Saint-Saëns）有一部短篇作品《夜莺与玫瑰》（*Le Rossignol et la Rose*）。从技术上来说，这是一首“练习曲”，要求女歌唱家具有能给人以强烈印象的完美技巧，正如这种擅长歌唱的鸣禽。作品表现的内容是，一位少女向男孩儿要求，如果他想陪她参加舞会，就要送她一枝玫瑰。为了帮助这个年轻人，夜莺抓着一枝白玫瑰整夜鸣唱，结果被刺伤心脏，夜莺为此献出了生命，鲜血把白玫瑰染成了红色。男孩儿把玫瑰送给任性的少女，但少女拒绝了它，转而接受了另一位追求者赠送的珠宝——夜莺白白牺牲了性命……

古诺（Gounod）的《罗密欧与朱丽叶》（*Roméo et Juliette*）从莎翁的戏剧改编而来，夜莺也出现在这部作品中，更确切地说剧中只出现它的名字并没出现它的歌声。年轻情侣两相厮守，忽然听到云雀开始放歌迎接日出。罗密欧让朱丽叶听云雀的歌声，苦于春宵短暂的少女却说：

那让你心神不宁的并不是云雀的歌声，

而是轻柔的夜莺，这爱情的密友！

心知肚明、害怕被人撞破的罗密欧想起身离去：哎呀，那是云雀，太阳的信使！不过，少女的爱情战胜了理智，他也对事实矢口否认。

伊戈尔·斯特拉文斯基（Igor Stravinsky）也从夜莺身上获得灵感，他以安徒生著名的童话故事《夜莺与中国皇帝》（*Le Rossignol et l'Empereur de Chine*）为蓝本创作出歌剧《夜莺》（*Le Rossignol*），由一名女高音歌手演绎夜莺的角色。1917年，斯特拉文斯基提取自己作品中的部分内容形成短篇交响诗《夜莺之歌》（*Le Chant du rossignol*），以乐器取代歌唱，用笛子表现这个鸟类明星。

沃恩·威廉斯

英国作曲家沃恩·威廉斯（Vaughan Williams）对鸟鸣的致意，正是他在英国广为人知和获得赞赏的作品《云雀高飞》（*The Lark Ascending*）存在的意义，这一点与下文中贝拉·巴托克（Béla Bartók）的作品并不一样。《云雀高飞》描写一只云雀一边唱着美妙的歌曲，一边冲上云霄，作曲家希望运用音乐向云雀致敬，他的用意与乔治·梅瑞狄斯（George Meredith）的同名诗歌相同，而且直接套用了这首诗的题目。诗歌是这样开篇的：

云雀高飞，盘旋，
撒下一串银色的音符，
连续不断地
啁啾、吱鸣、起伏、震颤。

为了表现诗歌中云雀鸣唱的抑扬变化，威廉斯选取了小提琴，因为这种乐器的音调转变迅捷，足以模仿鸟鸣。这部作品非常动听，间或活泼，间或平静，作曲家安排云雀的歌声逐渐放缓。作品诞生于1914年，等到第一次世界大战结束才得以首次演奏。值得一提的是，当“一战”爆发时，威廉斯已经41岁了，但仍然积极参战。

右图：帕帕基诺用排笛引来森林中的鸟儿。这是卡尔·奥弗特丁格（1829—1889）为歌剧《魔笛》创作的插画

贝拉·巴托克

贝拉·巴托克创作有一部双钢琴奏鸣曲。在这部作品的第二乐章，可以清楚地感受到匈牙利作曲家对大自然的热爱，其中有一段非常短的旋律——由钢琴的6个音符组成——显然是模仿短促的鸟鸣，并在这段乐章的中段以及尾声中继续铺展。作者对鸟鸣声的这番致敬让人颇为感动，虽然并不张扬，但用意十分明确，因此也能预见这在观众身上引发的同样愉悦的感受。意大利人曾经在城市地区进行调查，发现在城市里听到鸟鸣声能明显提高人们对生活质量的满意度。

爱德华·埃尔加

最后我们要谈一谈另一位著名的英国作曲家爱德华·埃尔加（Edward Elgar），他活动的年代稍早于沃恩·威廉斯。之所以特地谈到他，是因为他有一部颇具个性的作品《鸱鸮》[*Owls*，全名为《鸱鸮——一篇墓志铭》（*Owls — An Epitaph*）]，鸱鸮在法语中被称为“猫头鹰”（hiboux）或“仓鸮”（chouettes），相对于英语民族，法国人对夜行猛禽在名称上有所区分。在作品中，可以听到模拟这种夜行鸟类长啸的人声，似乎用于表现作曲家的某种情感，但被问及这个问题时作曲家却不愿深谈。人声多次提出一个问题“What is that？”（“那是什么？”词句稍有改动）而回答总是不变的“Nothing.”（“什么也不是。”）埃尔加对此做出如下解释：“这只是一种并无特殊含义的幻想，在夜晚的树林里，一再重复的‘Nothing’只是对夜行鸟类叫声的模仿。”不过，《鸱鸮》这部作品仍然对观众具有一种古怪的吸引力……

鸟类大使——奥利维耶·梅西安

所有严肃的鸟类学家都认为，在此必须提及法国著名作曲家奥利维耶·梅西安。对鸟类及其歌声的热爱，使得他在自己的作品中为它们保留了重要席位。在这个话题上，有必要说明，奥利维耶·梅西安得到了鸟类学家雅克·德拉曼，也就是本书前文已经提到的《鸟儿为什么歌唱》一书作者的盛情款待和指点。

1952年，梅西安刚刚写出《乌鸫》（*Le Merle noir*），这是一部以钢琴和笛子演奏的室内乐，他被邀请到德拉曼在夏朗德地区的家族领地“布朗德莱·德·加尔德佩”。奥利维耶·梅西安说，德拉曼亲自教他认识各种鸟儿的叫声，还引导他进行更加系统的研究。这种更加严肃的研究方法体现在他的《鸟类鸣唱记谱集》（*Cahiers de notation de chants d'oiseaux*）中，他不仅记录、转写鸟鸣声并进行注解，还说明了所观察到的鸟儿的羽毛特征。虽然奥利维耶·梅西安的实地采集笔记已经遗失，但很幸运的是，这些珍贵的记谱集子留了下来。

1940年，奥利维耶·梅西安作为战俘被关押在德国，在此期间他开始创作《末日四重奏》(*Quatuor pour la fin du temps*)。在第一乐章《水晶仪式》中，他标注道：“一只鸣禽即席演唱，它的周围一片尘嚣，和声的光晕隐没于高高的树梢。”接下来的第三乐章《鸟之深处》是单簧管独奏——一种非常难以演奏的乐器。

1944年的作品《对耶稣圣婴的二十凝视》(*Vingt regards sur l'Enfant-Jésus*)的第14节《天使的凝视》中，可以听到与其他旋律混合在一起的、受到鸟类启发的旋律，而在第8节《高空的凝视》中，则单独使用鸟类的鸣唱，这是作曲方法的一个创新。对于作品中所运用的鸟鸣声，奥利维耶·梅西安都标明了鸟的名称，包括乌鸫、夜莺、林莺、燕雀、金翅雀、树莺、金丝雀，以及占据重要地位的云雀。

乐曲的结尾让各种鸣禽一起亮相，各式各样的鸣声非常洪亮。后来奥利维耶·梅西安继续多次运用鸟儿的鸣唱，真实和虚构的鸟类都有。不过他很快便不再满足于仅让鸟鸣充当作品的陪衬，而是进一步把它作为中心主题。

1952年，上文提到的《乌鸫》成为梅西安首部以鸟名来命名的作品，而且整部作品以乌鸫的鸣唱为基础，也开启了主要以鸟类为灵感的作品的先河。顺便说一句，这部作品几乎是奥利维耶·梅西安最短的作品，仅仅5分多钟的长度，以笛子和钢琴之间的对话形式展开，即便对于那些并不特别喜好鸟鸣及表现鸟鸣音乐的人来说，这部作品也是饶有趣味的。

1953年，他创作了《鸟儿醒来》(*Réveil des oiseaux*)。这部钢琴独奏和大型管弦乐作品是“纪念作家及鸟类学家雅克·德拉曼(1953年去世)，向伊冯娜·洛里奥(Yvonne Loriod，奥利维耶·梅西安后来的妻子)致敬，描写了乌鸫、斑鸠、夜莺、黄鹂、知更鸟、柳莺、林莺等林中众鸟”。《鸟儿醒来》分为四个部分，梅西安对各部分的内容进行了清晰的阐释：“午夜”有夜莺的独唱以及林百灵和灰林鸮等其他鸟儿的夜歌；“凌晨4时，拂晓，鸟儿醒来”是一场盛大的齐鸣，有乌鸫、布谷鸟、燕雀等，随着太阳的升起戛然而止；“上午的鸣唱”先后表现黑顶林莺和

蓝山雀　　凤头山雀

乌鸫

乌鸫的独唱、金翅雀和知更鸟的鸣唱片段，以及知更鸟和乌鸫的二重唱；最后的“正午”部分先是保持很长时间的寂静（这个时间，尤其在暑热的时候，鸟类往往沉默无声），突然被燕雀、大斑啄木鸟和布谷鸟打破。

1956年奥利维耶·梅西安创作了钢琴和小型管弦乐作品《异邦鸟》（*Oiseaux exotiques*），1959年，更为重要的《鸟类志》诞生了。在这部杰作中登场的每种鸟当然都是以恰当的音乐形式来表现的，不过梅西安表示，“每个章节献给法国的一个省，章节以所选中地区的代表鸟种来命名”。以下是几个对应鸟名的章节标题：《阿尔卑斯山鸦》（即鸟类学家说的黄嘴山鸦）、《黄鹂》、《蓝鸫》（鸟类学家称之为“蓝矶鸫”）、《欧亚鹭》、《白尾黑䳭》（曾经生活于法国鲁西永地区，现已在法国灭绝）和《白腰杓鹬》。

最后还要提及1972年梅西安较晚期的一部钢琴曲作品《庭园林莺》（*La Fauvette des jardins*），其中有一版唱片的封面由著名动物画家、鸟类学家弗朗索瓦·德博尔德（François Desbordes）亲自操刀。

奥利维耶·梅西安曾经谈到还原鸟类声音的困难：“重现鸟类的音色，迫使我不断地在和弦和音质、声音的互相衬托和复杂配合上发挥创意，最终使得钢琴的声音不像其他钢琴那样‘协调’。”专家们也注意到，他把鸟声变调为低音，在必要时放慢速度，以便表演者能够更自如地演奏经过这番调适的乐谱。

鸟儿们接过话筒

我们已经看到，鸟鸣通过乐器和人声的演绎参与到音乐之中。不过有个音乐家却在这个领域走得更远，他就是芬兰人埃诺约哈尼·劳塔瓦拉（Einojuhani Rautavaara）。

1972年，应奥卢大学之请，他为自己的学位授予仪式创作了一部作品。他没有为这个场合选择古典庄重的音乐，而是选择了风格大胆的乐曲，他将之命名为《北极之歌》（*Cantus Arcticus*）（第61号作品），并起了一个惊人的副标题《鸟类及管弦乐队协奏曲》。这部协奏曲最特立独行之处是引入真正的鸟鸣，作曲家亲自前往芬兰北方靠近北极圈的美丽荒野进行录制。

第一乐章的题目是《沼泽》，开场一分钟左右是迷人的笛子二重奏，辅以其他管乐器和鸟鸣声，包括白腰杓鹬的叫声。管弦乐逐渐加强，点缀以铃铛声和灰鹤的叫声，其间白腰杓鹬的鸣声一直作为背景存在。

第二乐章《忧郁》以角百灵的鸣唱开场，它的鸣声降低了两个八度音，具有奇妙的异域鸟类的嗓音，因此劳塔瓦拉称之为“幽灵鸟”。紧接着，弦乐奏鸣，与鸟儿的鸣唱相和。

最后，第三乐章《迁徙的天鹅》中，音乐渐强，伴随着自远及近的一群天鹅的鸣唱。乐章结尾巧妙地回归舒缓，天鹅的鸣叫和乐队的演奏一点点减弱，代表着迁徙的鸟儿逐渐远去，飞往它们的目的地……

2014年春，我有幸在巴黎聆听这部作品，至今回忆起来仍然激动不已。

至于美国作曲家乔纳森·哈维（Jonathan Harvey）创作于2003年的《钢琴曲伴奏的鸟类协奏曲》（*Bird Concerto with pianosong*），我只听过唱片。与埃诺约哈尼·劳塔瓦拉一样，乔纳森·哈维也把真实的鸟声加入到乐曲中，持续大约半个小时。他谈起这部作品的缘起："靛彩鹀、圃拟鹂、金冠带鹀，这几种鸟儿是40种多姿多彩的加利福尼亚鸟类的代表，它们的歌声和鸣叫让我灵光闪现，促使我在加利福尼亚灿烂的阳光下投入这部作品的创作。"这部协奏曲的开篇是钢琴和鸟鸣的美妙对话，随之用乐器恣意模仿鸟鸣，纯粹的鸟鸣声被电子器乐逐渐取代，最终呈现出非常有节奏感的音调。

如此大胆创新的音乐作品，让听众更加瞠目结舌，劳塔瓦拉与之相比倒显得较为保守了。然而这部作品是值得留意和发现的，或许反复地聆听它，听众才能理解它的可贵之处。

《音乐会》，约翰·安斯特·菲茨杰拉德（1832—约1906）绘

实用手册

参考书目

在写作本书的过程中，除了学术期刊的文章，我还参考了下面几种书籍。您可以阅读这些书籍以深化相关概念，尤其是在鸟类生理学方面（部分书籍需要具有英文阅读能力）:

Campbell, Bruce, Elizabeth Lack (eds.), *A Dictionary of Birds*, Calton: T. & A. D. Poyser, 1985.

Gill, Frank Bennington, *Ornithology*, New York: W. H. Freeman & Co. Ltd., 2e éd., 1995.

Lesaffre, Guilhem, *Nouveau précis d'ornithologie*, Paris: Vuibert, 2006.

如果喜欢探索鸟类的鸣叫，您还可以参考如下书目：

Bossus, André, François Charron, *Les chants d'oiseaux d'Europe occidentale*, Delachaux et Niestlé, 2013.

Constantine, Mark & The Sound Approach, *La voix des oiseaux. Une nouvelle approche des cris et des chants*, Delachaux et Niestlé, 2008.

鸟鸣的有声资料

Deroussen, Fernand, *70 Chants d'oiseaux du jardin*. 在专业商店和网站均有售。

Deroussen, Fernand et Frédéric Jiguet (sous la direction de), *Oiseaux de France, les passereaux*, La sonothèque du Muséum, Muséum national d'histoire naturelle, 5 CD (148 espèces, 964 enregistrements).

网站

www.xeno-canto.org：一个真正的信息宝库！

www.birdphoto.fi：一个芬兰网站（有英文网页），上面的图片很棒，有法文的物种名单，大多数鸟儿都有鸣声录音（叙鸣/鸣啭）。

实地考察

有很多组织野外鸟鸣调查的协会：

北部–加来海峡地区：北部鸟类学组织（GON Nord），www.gon.fr。

诺曼底地区：诺曼底鸟类学组织（GONm），www.gonm.org。

法兰西岛大区：法兰西岛鸟类学中心（CORIF），www.corif.net。

LPO（鸟类保护联盟）拥有一个覆盖全法国的地区组织网络，可以回应您的诉求。该联盟官方网站是www.lpo.fr。

图片来源

Bios 前言对页，1对页，1，8，11，12，18，29，30，33，34，46，47，48，49上，49下，51上，52下，55上，56上，56下，58左下，68下，69下，70上，73上，74上，76下，77上，78上，79下，80上，81上，84下，85下，87，91，94下，95下，96，97上，98下，99上，99下，100，101，102，103，106，114，119：Natural History Museum of London；50下：André Simon；92下，93下：Sheila Terry/Science Photo Library

Leemage 16：Bianchetti；37：Josse；40，42：The British Library；51下，79上：DeAgostini；52上，97下：Florilegius；53，55下，57，84上：BDI；70下，107：Fine Art Images；81下：AISA；105左：Costa；105右：Luisa Ricciarini；113：Lee；123：Superstock

Kharbine-Tapabor 17，118：Collection Grob

Biodiversity Heritage Library 2，3右，4左，4右，7，14左，14右，15，20，22上，22下，25，32，36左，36右，39，45，50上，54上，58上，58右下，59上，59下，60上，60下，61上，61下，62上，62下，63下，64上，65，66上，66下，67上，67下，68上，69上，71上，71下，72上，73下，74下，76上，77下，78下，80下，82上，85上，86上，88，89上，89下，93上，95上，98上，104，121

Wikimedia Commons 27，54下，63上，72下，83，90，92上，94上

图书在版编目（CIP）数据

花间鸟语 : 花园里的歌唱家 / (法) 吉扬・勒萨弗尔 (Guilhem Lesaffre) 著 ; 张之简译 . -- 北京 : 生活书店出版有限公司 , 2020.6
ISBN 978-7-80768-330-8

Ⅰ . ①花… Ⅱ . ①吉… ②张… Ⅲ . ①鸟类—普及读物 Ⅳ . ① Q959.7-49

中国版本图书馆 CIP 数据核字 (2020) 第 062998 号

责任编辑　乔姝媛
装帧设计　罗　洪
责任印制　常宁强
出版发行　生活书店出版有限公司
（北京市东城区美术馆东街22 号）
图　　字　01-2018-5468
邮　　编　100010
经　　销　新华书店
印　　刷　北京图文天地制版印刷有限公司
版　　次　2020年6月北京第1版
2020年6月北京第1次印刷
开　　本　787毫米 × 1092毫米 1/32 印张 4.5
字　　数　61 千字 图168幅
印　　数　0,001—3,000 册
定　　价　58.00 元
（印装查询：010-64052612；邮购查询：010-84010542）

博物万象·魅力动物

《神秘的黑猫》

《花间鸟语》

博物万象·植物志趣

《神奇植物志》

《有毒植物志》

《木本植物志》

《旅行植物志》